宁夏优秀人才支持计划资助出版项目

光伏与风力发电系统大数据技术应用

国网宁夏电力有限公司电力科学研究院　组编

中国电力出版社
CHINA ELECTRIC POWER PRESS

内 容 提 要

为满足我国光伏和风力发电系统建设与运行控制的需要，深入探索光伏和风力发电系统技术新发展、相关技术融合发展趋势，并总结我国在光伏和风力发电系统运行控制领域科研、设计以及工程建设和运行管理中的经验，国网宁夏电力有限公司电力科学研究院组织多年从事新能源与分布式并网调度、实测建模、检测与评估、科研的专业技术人员编写本书。

本书分为六章，主要内容包括大数据基本概念和理论基础、光伏与风力发电系统信息建模及数据采集、光伏与风力发电系统大数据分析模型、光伏与风力发电系统大数据研究与实践和可再生能源大数据应用前景等。重点介绍了光伏与风力发电系统的大数据技术研究与案例应用。

本书可供从事电网规划、设计、建设、运行维护的技术人员及管理人员使用，也可作为新能源与分布式并网调度技术领域大数据统计挖掘的学习者和实践者提供参考。

图书在版编目（CIP）数据

光伏与风力发电系统大数据技术应用／国网宁夏电力有限公司电力科学研究院组编．—北京：中国电力出版社，2021.3（2023.3重印）
ISBN 978-7-5198-5023-4

Ⅰ．①光… Ⅱ．①国… Ⅲ．①数据处理－应用－太阳能光伏发电②数据处理－应用－风力发电 Ⅳ．①TM615 ②TM614

中国版本图书馆CIP数据核字（2020）第186696号

出版发行：中国电力出版社
地　　址：北京市东城区北京站西街19号（邮政编码100005）
网　　址：http://www.cepp.sgcc.com.cn
责任编辑：陈　丽（010-63412348）
责任校对：黄　蓓　常燕昆
装帧设计：张俊霞
责任印制：石　雷

印　　刷：北京九州迅驰传媒文化有限公司
版　　次：2021年3月第一版
印　　次：2023年3月北京第三次印刷
开　　本：710毫米×1000毫米　16开本
印　　张：12.25
字　　数：196千字
印　　数：1301—1600册
定　　价：68.00元

版权专有　侵权必究

本书如有印装质量问题，我社营销中心负责退换

主　　编　张　爽　任　勇

副主编　田　蓓　梁　剑　焦　龙　杨慧彪

参编人员　薛　飞　李宏强　张　迪　李四勤　王小立　耿天翔　李秀广　李旭涛　孙大伟　摆世彬　田志浩　王芸芸　周　雷　顾雨嘉　李　峰　王　超　吴玫蓉　张汉花

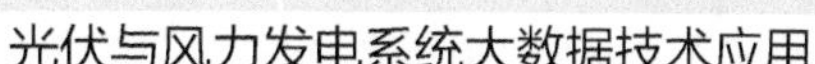

前言

光伏和风力发电在世界范围内已逐渐成为最具成本竞争力的发电来源，近年来得到了快速发展。然而，光伏和风力发电的快速增长也面临来自系统接入和并网消纳方面的挑战。“十三五”期间，我国能源消费结构有了显著优化，能源供给质量大幅提升。未来，国家限制煤电、支持可再生能源发展的政策不会改变；水电资源总量存在制约，开发成本不断攀升，未来增长空间有限；核电建设受到整体社会氛围制约，发展存在不确定性；生物质、潮汐、地热等发电形式由于资源、成本、技术限制等多方面原因，发展规模有限；综合各个因素，光伏和风力发电仍将是未来低碳发展和能源转型的主力军。为此，创新光伏、风力发电的发展方式，推动其与相关技术、产业融合发展的新模式、新业态，成为世界各国保障能源安全、优化能源结构、保护生态环境、减少温室气体排放、应对金融危机的重要措施，也是我国实现经济社会资源和环境可持续协调发展的必由之路。

由于我国地域辽阔，能源分布及负荷发展很不平衡，风光资源最丰富的地区往往距离负荷中心较远，借助跨区输电通道成为缓解中国能源资源与经济布局矛盾的重要途径。随着光伏、风力发电等新能源渗透率的提高，供需平衡难度也有所增大，需要系统性地提高电力系统灵活性，而现有设施和改进运行方式难以满足这一要求。大数据技术作为核心技术之一，可以将事物发展描述更加精准，让光伏、风力发电效率更高；可以对市场需求做出预测，从而避免发电过程中的浪费，进而降低度电成本；可以促进能源消费更加智能化，进而促进光伏、风力发电的消费推广，让更多的人用上经济的清洁能源。加快其在光伏和风力发电系统中的成功应用，是践行我国《能源生产和消费革命战略

(2016—2030)》，实现能源科技创新的直接途径之一，也将为光伏和风力发电系统进一步实现数字化监管和“云上转型”提供了契机。

为了解决现阶段我国光伏、风力发电快速建设导致的海量数据采集、存储与计算能力不足和光伏、风力发电应用面临的多领域数据支撑能力不足这一凸显问题，满足我国光伏和风力发电系统建设和运行控制的需要，深入探索光伏和风力发电系统技术新发展、相关技术融合发展趋势，并吸取我国在光伏和风力发电系统运行控制领域科研、设计以及工程建设和运行管理中的经验，国网宁夏电力有限公司电力科学研究院组织编写了这本理论结合工程应用、全面系统、注重实用性的专著。

本书重点介绍了光伏与风力发电系统的大数据技术研究与应用，主要内容包括大数据基本概念和理论基础、光伏与风力发电系统信息建模及数据采集、光伏与风力发电系统大数据分析模型、光伏与风力发电系统大数据研究与实践以及可再生能源大数据应用前景等。全书分为六章，第一章分析回顾了大数据基本概念和理论基础；第二章分析了能源革命战略背景下光伏和风力发电发展形势及当前面临的主要问题，对光伏和风力发电系统大数据资源的作用与定位、数据价值挖掘和应用进行了介绍；第三章介绍光伏与风力发电系统信息建模及数据采集，重点对数据采集需求、通信协议、数据监测误差特性以及数据质量控制进行深入分析，为满足光伏和风力发电技术科技创新下的大数据挖掘夯实基础；第四章阐述光伏与风力发电系统大数据挖掘与应用案例，分析大数据理论、技术和方法与传统光伏、风力发电行业融合下，光照、风能资源评估算法与应用、功率预测、光伏与风力发电系统可靠性评估等；第五章介绍光伏与风力发电系统数据分析、数据挖掘、多元数据融合等关键技术，并对信息获取和数据应用过程中的安全技术问题做了描述，探讨了符合电力企业发展需求的大数据关键技术的选择，最后介绍两个工程应用实践，分析了大数据关键技术的应用；第六章阐述了可再生能源大数据应用前景，新兴大数据技术与光伏、风力发电相关技术的深度融合将为光伏、风力发电技术创新和产业结构转型升级带来无限可能。面对我国《能源生产和消费革命战略(2016—2030)》深入实施，光伏与风力发电开发利用场景日益广泛，基于此，对开展能源大数据建设的基础进行了分析，对大数据技术在能源行业的应用场景进行综述与展望。

本书可供从事电网规划、设计、建设、运行维护的技术人员及管理人员使用，也可作为新能源与分布式并网调度技术研究和电气工程专业技术人员的参考用书。

本书的编写人员大都为多年从事新能源与分布式并网调度、实测建模、检测与评估、科研的专业技术人员。本书的研究基于国内外同行的研究成果，引用之处在书中进行了标记，对于某些引用没有进行标注，但经编写组修改后的句子在大意上与作者的原意是一致的，特在此深表感谢。本书研究成果应用及光伏风电场站数据资料的获取得到了场站的大力支持，在此一并表示感谢。由于编者水平和经验有限，时间仓促，书中难免有缺点或错误，恳请读者批评指正。

作　者

2020 年 4 月

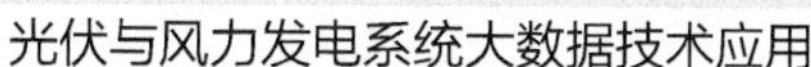

目 录

第一章　概　　述

当前，全球能源技术创新进入高度活跃期，有力推动着世界能源向绿色、低碳、高效转型。2016 年，国家发展和改革委员会和国家能源局联合发布的发改基础〔2016〕2795 号《能源生产和消费革命战略（2016—2030)》（简称《战略》）为我国能源革命做出了全面战略部署，《战略》指出，我国能源发展正进入从总量扩张向提质增效转变的全新阶段，在“创新、协调、绿色、开放、共享”新发展理念的引领下，我国能源革命可概括为“构建清洁低碳新体系，推动可再生能源高比例发展，提高风能、太阳能并网率，降低发电成本”。与此同时，随着“中国制造 2025”战略的深入实施，加快大数据、云计算、物联网应用，以新技术、新业态、新模式，推动传统产业生产、管理和营销模式变革成了必然趋势。

随着光伏和风力发电在世界范围内已逐渐成为最具成本竞争力的发电来源，近年来得到了快速发展。然而，光伏和风力发电的快速增长也面临来自系统接入和并网消纳方面的挑战，例如电网协同稳定性不足、与其他传统能源的竞争等。由于我国地域辽阔，能源分布及负荷发展很不平衡，风光资源最丰富的地区往往距离负荷中心较远，借助跨区输电通道成为缓解我国能源资源与经济布局矛盾的重要途径。随着光伏、风力发电等新能源渗透率的提高，供需平衡难度也有所增大，需要系统性地提高电力系统灵活性，而现有设施和改进运行方式难以满足这一要求。

信息化、数字化、互联网作为时代背景，IT 技术经过几十年的指数级进步，已成为像电力一样的通用技术，逐渐融入各个行业，被每个行业广泛应用，改变传统行业的技术、甚至行业规则。面对数字化这一新的风口来临，毫无疑问，工业大数据作为核心关键词，已处于“风口”之上。新兴大数据技术与光伏、风力发电行业的深度融合将为光伏、风力发电技术创新和产业结构转型升级带来无限可能，对促进能源结构优化调整、保护环境和减少温室气体排放具有重要意义。随着数据的积累和技术革新，光伏、风能产业聚焦工业大数据融合应用，推进技术创新、产业创新和商业模式创新，将技术转化为经济优势，将数据资源转化为新型生产资源，培育相关技术及产业升级的新增长点，将在能源转型竞赛中抢占先机，实现转型升级，为今后光伏、风力发电技术发展做好技术储备，也是做好光伏、风力发电等新能源本地消纳和跨区输送的必要条件。

第一节　大数据技术发展概况

随着云时代的来临，大数据技术受到人们越来越多的关注。事实上大数据并不是一个全新的概念，早在 1980 年世界著名未来学家阿尔文·托夫勒便在其著作《第三次浪潮》中将大数据热情地称颂为“第三次浪潮的华彩乐章”。但是直到 2009 年，随着物联网、云计算、移动互联网等技术的普及，社会进入到“普适计算”时代，大数据的概念才开始在互联网信息技术行业逐渐流行。2011 年 5 月，全球知名咨询公司麦肯锡在其研究报告《大数据：下一个前沿、竞争力、创新力和生产力》中首次提出“大数据”时代已经到来，指出了大数据技术研究的地位以及将给社会带来的价值。麦肯锡的报告发布后，大数据引起了学术界、产业界和各国政府的广泛关注。《自然》（*Nature*）和《科学》（*Science*）等期刊发表专刊探讨大数据带来的机遇与挑战；达沃斯世界经济论坛发布报告《大数据大影响：国际发展的新可能性》（*Big Data*，*Big Impact*：*New Possibilities for International Development*）宣称数据已经成为一种新的经济资产类别；惠普、IBM、微软等互联网巨头都意识到了“大数据”时代数据的重要性，纷纷通过收购“大数据”相关厂商来实现技术整合。2012 年，我国在国家层面提出将“大数据”作为科技创新主攻方向之一。同年，国家电网公司发布了国家电网公司公共信息模型，为各信息系统之间的数据集成、数据融合提供了依据。国家电网公司先后在输变电运行管理、智能配电网、用电与能效、电力信息与通信、决策支持等诸多专业领域也开展了大数据应用关键技术的研究。美国政府在 2012 年 3 月启动“大数据研究和发展计划（Big Data Research and Development Initiative)”。这是继 1993 年美国宣布“信息高速公路”计划后的又一次重大科技发展部署。美国政府认为，大数据是“未来的新石油”，并将对大数据的研究上升为国家意志，这对未来的科技与经济发展必将带来深远影响。2015 年 9 月，国务院印发国发〔2015〕50 号《促进大数据发展行动纲要》，系统部署大数据发展工作，美英等国家相继发布大数据战略，以国家为主导的大数据快速发展时代已经到来。

大数据本身作为一个抽象的概念，存在有多个定义版本，目前尚未有权威机构对大数据的概念进行统一。麦肯锡给出的定义是，大数据指的是大小超出了典型的数据库软件的采集、存储、管理和分析等能力的数据集。英国牛津大学教授维克托·迈尔—舍恩伯格在《大数据时代》一书中将大数据定义为，指不用随机分析法（抽样调查）这样的捷径，而采用所有数据进行分析处理。全球最具权威的IT研究与顾问咨询公司，高德纳（Gartner）咨询公司认为，大数据指的是需要新处理模式才能具有更强的决策力、洞察力和流程优化能力的海量、高增长率和多样化的信息资产。互联网数据中心（Internet Data Center，IDC）则认为大数据是，为更经济地从高频率的、大容量的、不同结构和类型的数据中获取价值而设计的新一代架构和技术。

从上述定义可见，尽管大数据的各种定义出发角度不同，内涵和范围的表示也有所不同，但有一点是肯定的：从数据到大数据，不仅仅是数据数量的差别，更是数据质量的提升。首先，数据集合的规模不断扩大，已从GB到TB再到PB级，甚至开始以EB和ZB来计数。其次，大数据类型繁多，包括结构化数据、半结构化数据和非结构化数据。由于数据显性或隐性的网络化存在，使得数据之间的复杂关联无所不在。再次，大数据往往以数据流的形式动态、快速地产生，具有很强的时效性，用户只有把握好对数据流的掌控才能有效利用这些数据。另外，数据自身的状态与价值也往往随时空变化而发生演变，数据的涌现特征明显。最后，虽然数据的价值巨大，但是基于传统思维与技术，人们在实际环境中往往面临信息泛滥而知识匮乏的窘态，大数据的价值利用密度低。大数据技术不是对数据量大小的定量描述，而是如何在庞大的、种类繁多的各种类型的数据中快速获得有价值信息的能力，大数据技术最核心的价值就在于对于海量数据进行分析处理。当前，大数据应用正不断向电子商务、智慧城市、国防建设、科学研究等众多领域推广。

第二节 大数据技术的价值

尽管对大数据的定义有着不同的解读方式，但是业界普遍认为大数据应该具有4个“V”的特征，即规模巨大（Volume）、类型多样（Variety）、速度快

(Velocity)、价值稀疏（Value）。大数据包括结构化、半结构化和非结构化数据，非结构化数据越来越成为数据的主要部分。据IDC的调查报告显示：企业中80％的数据都是非结构化数据，这些数据每年都按指数增长60％。

大数据是不断流动、产生和快速发展的；大数据是与自然资源、人力资源一样重要的战略资源。毫无疑问，大数据隐含着巨大的社会、经济、科研价值。如果能有效地组织和使用大数据，将对社会经济和科学研究发展产生巨大的推动作用，同时也孕育着前所未有的机遇，大数据终将是现有产业升级与新产业诞生的重要推动力量。著名的奥莱利（O'Reilly）公司断言，数据是下一个“Intel Inside”，未来属于将数据转换成产品的公司和人们。

数据产生、解析、存入、共享、检测、消费形成了大数据的连环网络，构成了大数据的有机生态结构系统。在每个环节都可能产生不同的需要，而各个环节的不同需要又促进理论、技术和方法的革新。大数据技术与社会应用相结合，使大数据与政策决策和商业决策相关联；通过大数据技术处理重组和快速利用各类战略资源，通过大数据技术使信息产生增值价值，以挖掘并发挥大数据技术的巨大潜力和价值。

大数据的价值论问题在于如何通过数据挖掘找出真正有附加价值的数据新模式以及如何使大数据能够被真正用来推动经济社会发展。其战略意义不在于掌握庞大的数据信息，而在于对这些含有意义的数据进行专业化处理。换而言之，如果把大数据比作一种产业，那么这种产业实现盈利的关键，在于提高对数据的“加工能力”，通过“加工”实现数据的“增值”。例如，随着大数据时代的到来，产业界需求与关注点发生了重大转变：企业关注的重点转向数据，计算机行业正在转变为真正的信息行业，从追求计算速度转变为关注大数据处理能力，软件也将从编程为主转变为以数据为中心。

从技术上看，大数据与云计算的关系就像一枚硬币的正反面一样密不可分。大数据必然无法用单台的计算机进行处理，必须采用分布式架构。它的特色在于对海量数据进行分布式数据挖掘。但它必须依托云计算的分布式处理、分布式数据库和云存储、虚拟化技术。因此，大数据处理的兴起也改变了云计算的发展方向，使其进入以分析即服务（Analytics as a Service，AaaS）为主要标志的Cloud 2.0时代。采用大数据处理方法，生物制药、新材料研制生产的流程会发生革命性的变化，可以通过数据处理能力极高的计算机并行处理，同时进行大批量的仿真比较和筛选，大大提高科研和生产效率，甚至使整个行业迈入数字化与信息化的新阶段。数据已成为与矿物和化学元素一样的原始材料，未来可能形成数据服务、数据探矿、数据化学、数据材料、数据制药等一系列战略性的新兴产业。大数据技术拥有巨大的潜在价值，必须要对大数据技术进行深刻的分析和研究，发现其潜藏的巨大功能和价值，例如大数据技术在政策制定和商业决策方面能发挥巨大作用，同时在医疗和教育等其他领域也可以渗透进去，从而发挥自身的价值。并且在研究大数据技术的价值之后，将其运用于社会生活的各方各面，从而将大数据技术的积极影响发挥出来，创造人类更美好的生活。因此，研究大数据技术的价值具有重要意义。

第三节　大数据技术发展趋势

大数据在为生产、生活方式带来变革的同时，其安全问题也日益凸显。加快大数据安全技术研究，已成为保障信息化建设和数字经济稳步向前推进的迫切要求。然而，不同于传统数据，大数据具有规模巨大、多样性和速度快等特性，这为安全技术在大数据环境下的应用带来了极大挑战。同时，为实现大数据的有效处理还引入了分布式的计算与存储框架。这些新型框架也带来了新的安全威胁。当前，大数据安全研究仍处于初期，研究人员对大数据安全的核心认知和关键特征理解还存在差异，理论成果同实际应用要求之间还存在差距，亟待对大数据安全技术的发展现状进行系统梳理，为大数据安全重点问题的研究和突破提供参考。

与此同时，现有的数据中心技术很难满足大数据的需求，需要考虑对整个IT 架构进行革命性的重构。而存储能力的增长远远赶不上数据的增长，因此设计最合理的分层存储架构已成为 IT 系统的关键。数据的移动已成为 IT 系统最大的开销，目前传送大数据最高效也最实用的方式是通过飞机或地面交通工具运送磁盘而不是网络通信。在大数据时代，IT 系统需要从“数据围绕处理器转”改变为“处理能力围绕数据转”，将计算推送给数据，而不是将数据推送给计算。大数据也导致高可扩展性成为对 IT 系统最本质的需求，并发执行（同时执行的线程）的规模要从现在的千万量级提高到 10 亿级以上。在应对处理大数据的各种技术挑战中，大数据去冗降噪技术、新型数据表示方法、大数据有效融合与存储技术、大数据挖掘分析工具和开发环境等问题值得高度重视。

一、去冗降噪技术

大数据一般都来自多个不同的源头，而且往往以动态数据流的形式产生。因此，大数据中常常包含有不同形态的噪声数据。另外，数据采样算法缺陷与设备故障也可能会导致大数据的噪声。大数据的冗余则通常来自两个方面：①大数据的多源性导致了不同源头的数据中存在有相同的数据，从而造成数据的绝对冗余；②就具体的应用需求而言，大数据可能会提供超量特别是超精度的数据，这又形成数据的相对冗余。降低噪声、消除冗余是提高数据质量、降低数据存储成本的基础。

二、新型表示方法

目前表示数据的方法，不一定能直观地展现出大数据本身的意义。若想有效利用数据并挖掘其中的信息或知识，必须找到最合适的数据表示方法。在一种不合适的数据表示中寻找大数据的固定模式、因果关系和关联关系时，可能会落入固有的偏见之中。数据表示方法和最初的数据产生者有着密切关系。如果原始数据有必要的标识，就会大大减轻事后数据识别和分类的困难。但标识数据会给用户增添麻烦，所以往往得不到用户认可。研究既有效又简易的数据表示方法是处理网络大数据必须解决的技术难题之一。

三、存储技术

大数据的存储方式不仅影响其后的数据分析处理效率，也影响数据存储的成本。因此，就需要研究高效率低成本的数据存储方式。具体则需要研究多源多模态数据高质量获取与整合的理论和技术、流式数据的高速索引创建与存储、错误自动检测与修复的理论和技术、低质量数据上的近似计算的理论和算法等。

四、融合技术

数据不整合就发挥不出大数据的大价值。大数据的泛滥与数据格式太多有关。大数据面临的一个重要问题是个人、企业和政府机构的各种数据和信息能否方便地融合。如同人类有许多种自然语言一样，作为网络空间中唯一客观存在的数据难免有多种格式。但为了扫清网络大数据处理的障碍，应研究推广不与平台绑定的数据格式。大数据已成为联系人类社会、物理世界和网络空间的纽带，需要通过统一的数据格式构建融合人、机、物三元世界的统一信息系统。

五、处理技术

据统计，目前采集到的数据85%以上是非结构化和半结构化数据，而传统的关系数据库技术无法胜任这些数据的处理，因为关系数据库系统的出发点是追求高度的数据一致性和容错性。根据CAP（Consistency，Availability，Partition Tolerance）理论，在分布式系统中，一致性（Consistency）、可用性（Availability）、分区容错性（Partition Tolerance）三者不可兼得，因而并行关系数据库必然无法获得较强的扩展性和良好的系统可用性。系统的高扩展性是大数据分析最重要的需求，必须寻找高扩展性的数据分析技术。以MapReduce和Hadoop为代表的非关系数据分析技术，以其适合非结构数据处理、大规模并行处理、简单易用等突出优势，在互联网信息搜索和其他大数据分析领域取得了重大进展，已成为大数据分析的主流技术。

（1）MapReduce是一种编程模型，用于大规模数据集（通常是指大于1TB）的并行运算。它极大地方便了编程人员在不会分布式并行编程的情况下，将自己的程序运行在分布式系统上。

（2）Hadoop是一个由Apache基金会所开发的分布式系统基础架构。Hadoop实现了一个分布式文件系统（Hadoop Distributed File System），简称HDFS。

Hadoop的框架最核心的设计是HDFS和MapReduce，HDFS为海量的数据提供了存储，MapReduce为海量的数据提供了计算。

MapReduce和Hadoop在应用性能等方面还存在不少问题，还需要研究开发更有效、更实用的大数据分析和管理技术。

六、挖掘分析工具和开发环境技术

不同行业需要不同的大数据分析工具和开发环境，应鼓励计算机算法研究人员与各领域的科研人员密切合作，在分析工具和开发环境上创新。当前跨领域跨行业的数据共享仍存在大量壁垒，海量数据的收集，特别是关联领域的同时收集还存在很大挑战。只有跨领域的数据分析才更有可能形成真正的知识和智能，产生更大的价值。此外，大数据的获取、通信、存储、管理与分析处理都需要消耗大量的能源。在能源问题日益突出的今天，研究创新的数据处理和传送的节能方法与技术是重要的研究方向。

第二章　光伏与风力发电系统大数据

随着技术的发展，光伏和风力发电在世界范围内已逐步成为最具成本竞争力的发电来源。在风光资源质量较高、融资成本较低的地区，光伏、风力发电的竞争力已经超过了新建天然气甚至燃煤发电厂。除了上述成本竞争力因素，风力发电、光伏同样能够为实现降低温室气体排放的目标做出重大贡献；此外，分布式光伏系统也正在改变电力行业的价值链，需求侧将在能效提升、负荷控制等方面为电力系统提供有力支持，分布式发电也将成为集中式发电的重要补充。

自21世纪初以来，我国已将调整电力供应结构作为电力系统优化的工作重点，其主要目标是逐步减少煤炭在电力装机中所占比例，并增加可再生能源装机。根据全球能源互联网发展合作组织开展的中国能源转型与“十四五”电力规划研究表明，预计2025年我国电源装机总量29.5亿kW，其中常规水电3.9亿kW，煤电11亿kW，风电5.4亿kW，光伏发电5.6亿kW，气电1.5亿kW，抽水蓄能6800万kW，电化学储能容量4000万kW。清洁能源装机占比由2019年的41.9%提高到2025年的57.5%，煤电装机占比由2019年的51.8%下降至2025年的37.3%。

经电力电量平衡综合测算，预计“十四五”期间，风电规划投产2.9亿kW，2025年规划风电装机达5.4亿kW（其中海上风电装机约3000万kW），年均增加超过5000万kW，2025年西部、北部地区风电装机占比58.8%。光伏发电规划投产3.2亿kW，2025年规划光伏发电装机达5.6亿kW，年均增加超过6000万kW，2025年分布式光伏占比33.3%，西部、北部地区光伏发电装机占比55.9%。2025年全国电源装机结构

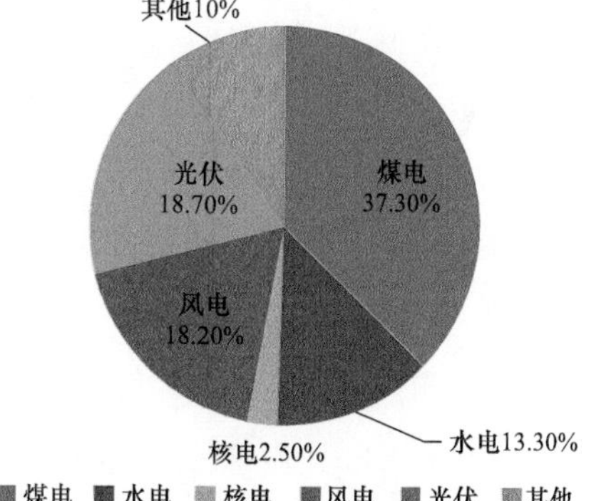

图2-1　2025年全国电源装机结构

如图 2-1 所示。

据行业统计，2019 年，全国光伏新增并网装机 3011 万 kW（见图 2-2），同比下降 31.6%，其中集中式光伏新增装机 1791 万 kW，同比减少 22.9%；分布式光伏新增装机 1220 万 kW，同比增长 41.3%。全国光伏累计装机达 20430 万 kW，同比增长 17.3%，其中集中式光伏 14167 万 kW，同比增长 14.5%；分布式光伏 6263 万 kW，同比增长 24.2%。

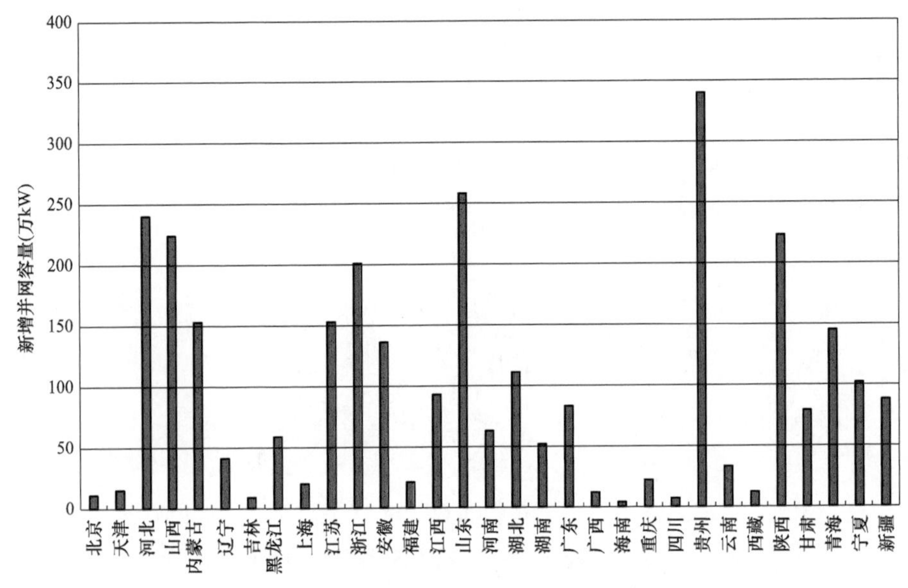

图 2-2　2019 年我国光伏新增并网容量

2019 年，全国风力发电新增并网装机 2574 万 kW，其中陆上风力发电新增装机 2376 万 kW，海上风力发电新增装机 198 万 kW。到 2019 年底，全国风力发电累计装机 2.1 亿 kW，其中陆上风力发电累计装机 2.04 亿 kW、海上风力发电累计装机 593 万 kW，风力发电装机占全部发电装机的 10.4%，2019 年风力发电发电量 4057 亿 kWh，首次突破 4000 亿 kWh，占全部发电量的 5.5%。

2019 年我国光伏、风力发电累计并网容量，如图 2-3 所示。

2019 年，全国风力发电平均利用小时数为 2082h，风力发电平均利用小时数较高的地区是云南（2808h）、福建（2639h）、四川（2553h）、广西（2385h）和黑龙江（2323h）。2019 年弃风力发电量 169 亿 kWh，同比减少 108 亿 kWh，平均弃风率 4%，同比下降 3 个百分点，弃风限电状况进一步得到缓解。图 2-4 为 2019 年我国风力发电并网发电量与利用小时数。

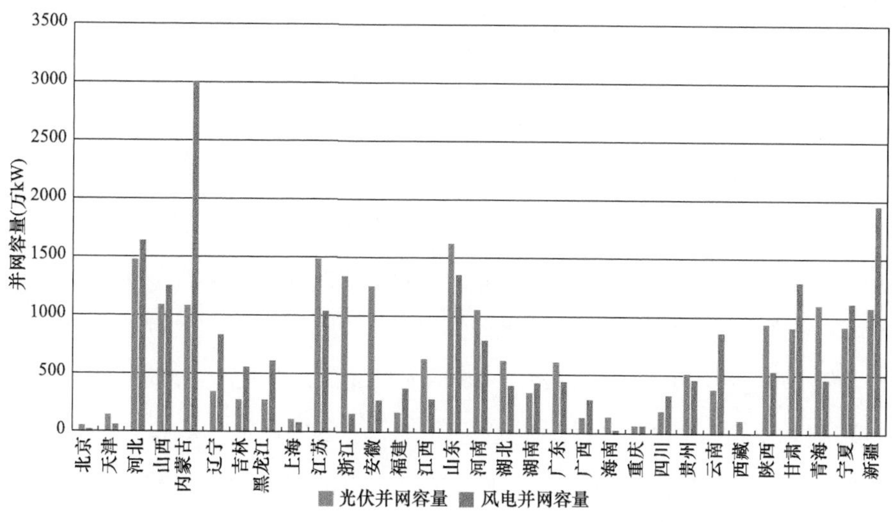

图 2-3　2019 年我国光伏、风力发电累计并网容量

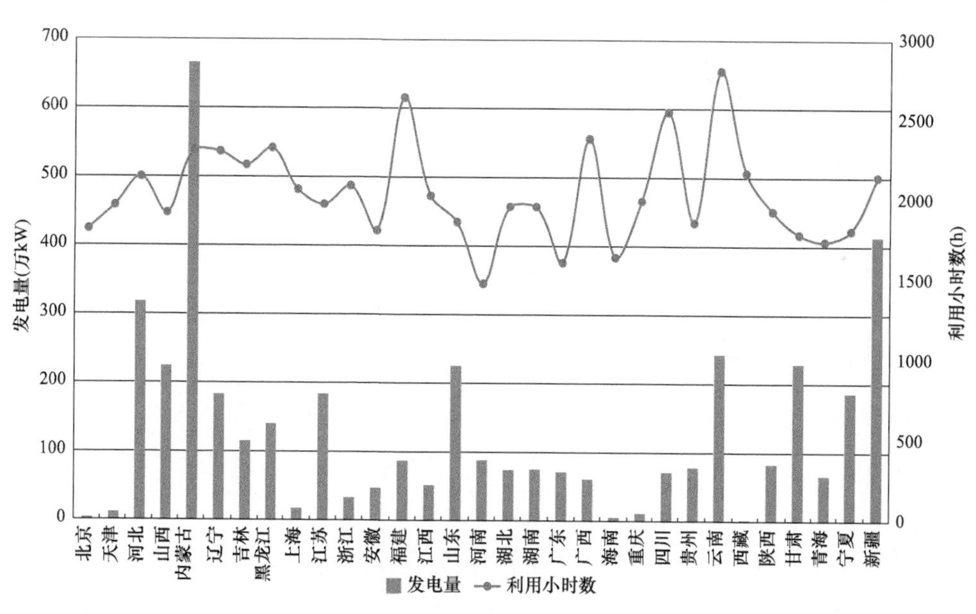

图 2-4　2019 年我国风力发电并网发电量与利用小时数

第一节　光伏与风力发电发展面临的形势

“十三五”期间，我国能源消费结构有了显著优化，能源供给质量大幅提升，能源科技创新成果丰硕，能源体制发生深刻变革。较 2015 年，全国能源消费总量

年均增速达 2.9%，单位 GDP 能耗共下降 87.1%。其中，煤炭消费比重下降 6 个百分点；非化石能源消费比重提升到 15.3%，天然气消费比重达到 8.1%，电力占终端能源消费比重提升到 25.5%。基于能源革命战略考虑，建成“清洁低碳、安全高效”的能源体系将成为长期目标。未来，国家限制煤电、支持可再生能源发展的政策不会改变；水电资源总量存在制约，开发成本不断攀升，未来增长空间有限；核电建设受到整体社会氛围制约，发展存在不确定性；生物质、潮汐、地热等发电形式由于资源、成本、技术限制等多方面原因，发展规模也不大。综合各个因素，光伏和风力发电仍将是未来低碳发展和能源转型的主力军。

我国以光伏、风力发电为代表的新能源发展潜力巨大，展望国内光伏、风力发电市场，业内普遍预计，2050 年，我国新能源发电装机和发电量将占主导地位，2050 年光伏发电装机 23.6 亿 kW，风电装机 19.7 亿 kW，合计占比 72%。要实现未来光伏、风力发电高比例部署及高质量发展，亟需从政策、技术以及模式创新三方面努力，推进技术进步降本增效，研究机制发展稳定的政策环境，以及通过创新模式激发产业活力。

（1）政策加码，促进风光产业高质量发展。目前，我国新能源产业仍是一个政策主导型产业，行业的持续快速发展离不开中央和地方政府的支持。得益于政策加码，风光产业实现了高质量发展，风力发电、光伏消纳环境将大幅改善。2020 年后，随着发电侧平价上网的大规模实现，非化石能源占比将成为重要指导性指标。根据已有的政策规划（《电力发展“十三五”规划》），非化石能源发展目标是 2020 年非化石能源占比 15%（已完成），2030 年实现不低于 20%，2050 年不低于 50%。随着“十四五”的到来，风电光伏将加速从补充能源转向替代能源。

与此同时，光伏将率先实现平价上网，这得益于设备水平的不断进步。根据行业统计，光伏产业已于 2009 年至 2019 年内实现迅猛发展。较 2009 年，光伏电站发电成本急剧下降了 89%，光伏项目组件下降了 90%，光伏电价也在逐年下降。与光伏相比，风力发电开发成本下降速度没有那么快，风力发电实现平价上网将经历一个相对较慢的过程，但风力发电发展更加注重了规模和效益同步。过去几年，电力产能过剩、电源与电网发展速度不匹配等多方面原因造成限电形势愈演愈烈，成为阻碍中国可再生能源健康发展的最大瓶颈。面对限电难题，风力发电投资更加趋于理性，放缓前进的脚步，开始从注重发展规模

速度向注重发展质量效益转变。

（2）技术创新，进一步推动降本增效。2019 年，各大整机商纷纷下线 5MW 以上的大风机，6、8、10MW 国产大机组不断创出容量新高。从最早的千瓦级小风机到如今的兆瓦级大风机，我国风力发电技术水平与国外的差距不断缩小，风力发电制造能力跃居世界前列。过去数年间，国内多家制造企业积极布局大容量风力发电机组，同时，国家相关部门多次发布政策，大力推进风力发电产业关键设备国产化进程。风力发电机组技术进步将开拓更广阔市场空间。2021～2025 年，随着风机制造产业技术升级，风机由中小容量向大型化、智能化发展成为必然趋势。

随着集中化、规模化的海上风力发电项目开建，海上风力发电开始进入规模化发展阶段。根据行业预测，2021～2023 年，中国将迎来海上风力发电大发展时期，开发进程将明显提速。到 2020 年底，预计中国海上风力发电装机容量将超过 5GW。2025 年以后，我国将开始逐步探索深海风力发电开发，届时浮式基础作为研究重点。陆上风机方面，随着国家对平价基地集中化开发模式的支持，国内各大整机商纷纷研发出针对平价大基地的 3. x MW 和 4. x MW 平台机型。而 2019 北京国际风能大会上推出的 MySE5. 0-166 陆上型大功率风力发电机组，更是将中国陆上最大风机单机容量刷新至 5MW 级别。

而以新代旧改造也将催生风力发电市场新机遇。欧洲风力发电运营商一般在风力发电场投运 15 年左右开始考虑对原设备进行“上大压小”改造。我国早期投产的近 3GW 风力发电项目，在 2020 年达到或接近生命周期；2010 年底前投产的 40 多吉瓦项目，在 2020 年以后的五年将逐渐迎来替代高峰期，市场空间非常广阔。随着大容量、高效率机组技术不断进步，改造后的新机组盈利能力更强，将成为未来风力发电运营商新的利润增长点。

（3）协同发展和模式创新，建立行业新生态。随着我国生态文明建设不断深入以及 2020 年消纳保障机制的实施，绿色消费理念将不断普及，用户需求得到激发，新能源行业需要适应新的发展形势，开放边界、创新合作，从价格竞争走向用户导向的价值创造，不断提升用户体验，引领我国新能源产业走在全球技术研发和应用模式创新的前列，实现由产业主导者向市场主导者转变，推动行业不断创新和融合发展，建立新能源行业的新生态、新局面。

目前，限电严重的“三北”地区，随着电力市场的逐步完善，将迎来更加理性和健康的发展环境。电网规划建设的十余条跨区特高压输电工程近几年密集投产，提供了跨区消纳风力发电的技术条件。配额制正式实施以后，跨区电力输送将成为消纳“三北”崎岖风力发电的主要方式，弃风限电形势大幅改善。大叶片机组技术将打破传统国际电工委员会（International Electrotech-nical Commission，IEC）对风力发电场分级标准，通过优化控制策略改善机组载荷，“三北”高风速地区也可以应用大叶片机组，届时风力发电项目的经济效益将更加可观。可以预见，2020～2025年，随着土地资源、环境保护、北方限电环境改善等因素，我国的风力发电开发主战场将由中、东、南部地区回归“三北”地区。

此外，多能互补是提高可再生能源消纳能力的重要手段。多能互补项目以水电、光伏、光热、风力发电为主要开发电源，以调峰水电站、光热储能系统、蓄电池储能电站为调节电源，多种电力组合，有效解决风力发电和光伏不稳定、不可调的缺陷，解决用电高峰期和低谷期电力输出的不平衡问题，减少弃风弃光弃水问题，促进可再生能源消纳。

多能互补最典型案例是国家首批多能互补示范工程之一的鲁能海西州700MW风光热储多能互补工程，该项目目前已全面建成并网，工程包含400MW风力发电项目、200MW光伏项目、50MW光热项目和50MW储能项目，以光伏、风力发电为主要输出电源，光热、储能电站联合调节，白天积蓄电力、热量，在光伏、风力发电低谷期，以热能、电池储能发电作为重要补充，构建多能互补集成优化智能调控系统，建成高效快捷、互联互动、信息共享的综合能源服务供需平台，使多种能源深度融合，达到了“1+1>2”的效果。

光热发电作为绿色的灵活调节电源，协同其他可再生能源互补发展被认为是未来光热发电必须抢占的发展之道，多能互补可再生能源基地的建设将为光热发电的未来发展提供市场机遇。在即将开局的“十四五”期间，我国可再生能源将由增量补充进入增量主体阶段，可再生能源和电力系统的双向友好性需要多能互补可再生能源项目的支撑，多能互补电站将有望在十四五期间成为主流的可再生能源电站开发模式。

第二节　光伏与风力发电系统大数据应用现状

随着能源、环境和气候变化问题日益突出，能源安全和环保是全球关注的

焦点。大力发展新能源，促进能源战略转型，成为世界能源发展的新趋势。未来的电网中不仅包括光伏、风能等新能源，还将有消费者的加入。

目前，我国光伏、风力发电等新能源领域技术发展迅速。以风力发电为例，不仅具备大容量风力发电整机自主研发能力，而且形成了完整的风力发电装备制造产业链，制造企业的整体实力与竞争力大幅提升，在大容量机组研发、长叶片、高塔架应用等方面处于国际领先水平。与此同时，新技术应用不断涌现，以激光雷达为代表的新型传感技术和以大数据分析为基础的智能技术使管理更加高效。将大数据和人工智能技术用于能源监测、建模、分析和预测等领域，将有助于实现可持续的能源目标，提高可再生能源生产的效率，并提供减少能耗的机会。

一、清洁高效发电

根据美国能源部能源情报署调查，美国的可再生能源发电量占所用电量的17%，太阳能、风能、水力发电和其他可再生能源是世界上增长最快的能源。人们需要扩大可再生能源的采用规模，以取代负责温室气体排放的传统能源，否则很难扭转气候不断变暖的影响。为了实现规模化，需要尽可能的高效，而将大数据和人工智能技术结合可以有所帮助。将可再生能源应用到现有的电网中需要对来自太阳能、风能和水力发电源的电力进行估算，以便基础设施能够通过适当的估算、规划、定价和实时运营发挥作用。

国家电网公司系统积累了体量大、类型多、价值高、速度快等典型大数据特征的运营数据，具备了推广大数据应用的基础条件。经过持续努力，大数据试点平台已经在电网运行、经营管理、优质服务三大业务领域得到了广泛应用。国网上海市电力公司基于大数据平台开展的区域设备故障量预测分析，预测未来一天或一个月各区域、不同电压等级的设备故障量精度达到70%以上，有效缩短故障抢修时长，提高优质服务水平。

国网青海省电力公司的新能源大数据创新平台接入电站总容量达4195.33MW，累积接入数据已经超过53亿条，对于促进我国新能源信息共享，释放数据价值具有积极意义。该平台于2018年1月上线运营，向包括中国大唐集团公司、鲁能集团有限公司、青海省绿色发电集团股份有限公司（绿电）等新能源企业及政府、金融机构等39家客户提供新能源大数据服务。通过开发集中监控、功率预测、设备健康管理等业务应用，作为我国首个新能源大数据创

新平台，已形成种类丰富的业务体系，初步构建覆盖新能源全产业链的生态圈。截至2019年6月该平台已建成的“扶贫之光”集控大厅，接入7座扶贫电站，总容量179.7MW，实现扶贫光伏的集中管理。通过应用“云大物移智”（云计算、大数据、物联网、移动互联、人工智能）新技术推进“无人值班”新能源电站运行模式，截至2019年6月试点实现5家新能源企业21座电站“无人值班、少人值守”的集中监控、区域检修模式，在提升设备精细化管理水平的同时，降低新能源电站人员成本40%以上。

二、有效预测发电量

最近几年，分布式太阳能发电设施的发电量增长迅速，据最新的调查数据显示，全球太阳能发电量预计在未来5年内将超过1TW。而风力发电为未来增加的发电量也提供了一个重要的机会，并且每年都在大幅增长。一份调查报告表明，到2030年，风力发电量将达到2000GW，提供全球电力的16.7%～18.8%，并帮助减少30亿吨以上的二氧化碳排放量。

大数据引入不同的观测数据源和模型，可以用于准确预测气象变量，然后使用计算智能技术进行实时分析。例如，SunCast是美国国家大气研究中心的一个用于提供太阳能的预测系统。它基于现场的实时测量和云计算模式的卫星数据。该预测融合了许多模型，并使用统计学习和一系列人工智能算法根据历史观测对其进行调整。

有文献指出，使用图像识别和机器学习来确定部署住宅太阳能发电设施的最佳场所，使当地的决策者能够评估其辖区内潜在的太阳能发电容量。该方法不需要使用3D城市模型，而是使用公共地理建筑数据和航空图像进行分析。人工智能利用地理数据，并输出辐照度模拟和发电电位，可以确定部署太阳能电池板的最佳位置。

由于太阳能电池板可能部署在难以进入的区域，因此设施所有者需要了解可能对其效率产生负面影响并导致发电损失的环境因素，例如阴影、落叶、灰尘、雨雪和鸟类损害等。机器学习可用于监视各个面板的输出，作为一组时间序列数据，训练模型以检测异常输出并对其进行分类。然后，人工智能可以指示处特定面板表面上的问题，然后可以安排进行检查和维修。

风力发电预测是涡轮机控制、负荷跟踪、电力系统管理和能源交易所必需的。

许多不同的风力预测模型已与数据挖掘结合使用。主要有基于低层大气的物理预测方法，或使用天气预报数据进行的数值天气预报方法。另一种统计方法是在不考虑气象条件的情况下，基于大量的历史数据，利用人工智能和时间序列分析建模的方法；最后一种方法是结合前述物理和统计两种方法的混合预测模型。

三、减少电力消耗

家庭能源监控器由传感器、发送器和手持显示器组成。传感器连接到电表箱的电源线上，并监控电源线路周围的磁场，以测量通过的电流。发送器从传感器获取数据并将其发送到手持显示器，该显示器可以假设电力来自化石燃料能源，并计算用户的电力使用、成本和温室气体排放量。通过收集和分析大量家庭的电力消耗数据，可以确定在哪里节省能源，或者在高峰时段之外能够使用的灵活性。然后，就如何减少消费、削减开支、整合可再生能源和减少排放向消费者提供建议。

四、改变发展模式

大数据人工智能正在从根本上改变发电、定价和消费的模式，导致能源部门等出现重大颠覆性发展。随着全球面临前所未有的环境挑战，监测、建模、分析和预测能源生产和使用的新的、更智能的方法正在帮助人们实现可持续能源目标。将大数据应用于电力已成为必然趋势。微观来看，过去传统产业的数据系统主要服务企业内部，现在环境变了，全新的发展环境、市场环境、生存环境等，无不提醒企业，在“互联网＋”的背景下，企业的运营不能仅满足于内部，而且要放眼整个生态圈。这势必对企业传统的信息系统提出的新的挑战。《中国电力大数据发展白皮书（2013 年）》中指出，在电力生产环节，风光储等新能源的大量接入，打破了传统相对静态的电力生产，使得电力生产的计量和管理变得日趋复杂。其次，电能的不可存储性，使得电力工业面临及其复杂的安全形势。在电力经营环节，随着下一代电力系统的逐步演变，高度灵活的数据驱动的电力供应链将逐步取代传统的电力供应链。

第三节　大数据资源的作用与定位

构建清洁可再生能源持续增长，清洁低碳、安全高效的能源体系，推动能源绿色发展已经成为生态文明建设的重要内容，成为新时代能源发展的主题。

为有效解决能源发展方式不合理，资源制约加剧，环境约束凸显，能源效率亟待提高等问题，为实现能源可持续发展，推动能源生产和消费革命，满足当前能源发展的主要任务已由保障应向更好满足人民的美好生活需要转变这一需求，必须加强技术创新，充分利用大数据技术，释放能源大数据价值红利势在必行。

积极落实国家能源战略和节能减排部署，服务清洁能源发展，展望未来，“十四五”期间，推动煤炭清洁高效开发利用，加快解决风、光消纳问题，将作为能源转型发展的立足点和首要任务。与此同时，随着政策、技术、模式的持续创新，光伏、风力发电也将在更多领域实现多样化应用。能源行业生产大数据具有量大、分布广、类型多等特点，背后反映的是电网运行方式、电力生产方式及用户消费习惯等信息，通过结合大数据等前瞻性技术，充分挖掘能源大数据，有助于辅助高比例光伏、风力发电渗透背景下能源互联网的多源系统协同运行决策，支持能源互联网的安全稳定经济运行，催化能源互联网商业模式的形成，提高能源互联网的管理水平，便于能源互联网信息资产的管理和共享等。

一、优化规划

（1）风资源评估及风机选址优化。风力发电机的安装位置选择直接关系到发电能力和投资回报，因此，安装位置的选择要综合考虑温度、风向、风力和湿度等多种因素。基于大数据的数据实时处理平台可广泛收集环境信息，优化风力涡轮机配置方案，实现高效的能量输出。

（2）储能系统在能源互联网中的优化配置。储能系统的优化配置必须以分布式能源的出力预测为前提，在了解分布式能源的出力特性后，采取合理的方式对其容量和控制策略进行优化。

（3）能源系统规划调度运行辅助决策。通过区域能源地图，能以更优的可视化效果反映区域经济状况及各群体的行为习惯，为区域能源网络规划决策、基础设施改造提供直观依据支撑。

二、运行管理

（1）用能预测和协同调度。基于能源生产和用能预测结果，通过错峰资源聚类分析和错峰影响要素关联度分析，量化评估可调度资源错峰潜力，探究不同类型能源和用能负荷的优化组合原则及方法，实现错峰资源的分层优化及自

动分配，完成能源生产与用能的协同调度。

（2）混合可再生能源预测。结合大数据分析和天气建模技术，可进行混合光伏与风力发电能源预测，通过预测使能源电力公司更好地管理风能和太阳能的多变特性，更准确地预测发电量。

（3）储能系统的智能控制。基于大数据支撑的储能系统智能管理，不仅对单个用户带来较好的收益，还可利用储能系统调节地区能源供求。虽然每处设置的储能系统容量较小，但在太阳能发电及风力发电等可再生能源进一步发展的情况下，通过统一控制多个储能系统的运行，可稳定整个地区的能源供求。

（4）灾害预警。利用大数据技术对光伏、风力发电系统以及高渗透下能源互联网运行的风险源进行全面持续的量化评价，通过薄弱区域识别、薄弱区域原因分析，联合评价指标库，给出综合预警结果，最终达到灾难有效预警的目标。

（5）状态检修管理。利用并行计算等技术实现检修策略优化，能够克服传统阈值判定方法难以准确检测设备的状态异常的局限性，有效提高设备异常检测的准确性和状态评价的正确率，为解决现有状态检修问题提供有效的技术支撑。

（6）智能微网云调度管理平台应用。未来千千万万个智能微网的互联互通，将构建成真正意义上的能源互联网，智能微网云调度管理平台支持并协同调度人员统观全局，有效管理分布式微网安全、稳定和经济运行。

三、服务与交易

（1）用能行为分析。主要指用户能效管理、客户热点关注分析、缴费渠道分析、用能平衡、需求响应与市场交易。基于能源互联网大数据，通过对电力等能源企业生产运行方式的优化、对间歇式可再生能源的消纳以及对全社会节能减排观念的引导，达到节约能源和保护环境的长远目的；通过调整不同类型的企业、居民用户在需求侧响应中的比例，从而确定最佳的需求侧响应策略；通过与外界数据的交换，挖掘用户能耗与能源价格、天气、交通等因素所隐藏的关联关系，为决策者提供多维、直观、全面、深入的预测数据，主动把握市场动态。

（2）支撑政府的宏观经济分析。通过汇聚大量用能企业及居民用户的用能数据，可以支撑地方政府开展区域性的宏观经济分析，帮助政府机构了解本地区的经济状况，对本地区的短期经济发展趋势进行预判，并通过大数据技术中的各类预警模型，模拟调整一系列的参数，制定适合本地区的政策。

（3）支撑政府能效决策。帮助电网及政府机构更好地掌握企业的用能情况，明确区域能耗的实际水平，对企业能效管理的政策、技术标准等进行调整，从而预测区域能耗水平的变化趋势，支撑电网公司与政府机构制定更合理的政策法规。

能源互联网是能源生产、配送、消费系统和信息通信系统高度融合的复杂大系统，由于能源互联网具有多能、开放、交互和共享等特征，外部环境和参与者的特性对其规划和运行也将产生重大的影响。能源互联网大数据研究及其应用刚刚起步，仍面临很多困难，需要在政府的大力支持和组织下，制定合理的发展战略，多方通力合作，才能稳步推进，获得应有的成效。

第四节　面 临 的 新 挑 战

2021～2025 年，以光伏、风力发电为代表的可再生能源将成为增长最快的电能来源。但是，能源的多样化对现有的基础设施和系统构成挑战，最显著的变化之一是从可靠转变为动荡。而以光伏、风力发电为代表的可再生能源大数据将会面临三大挑战：难以监测、来源不可靠、管理不可预测。

传统的常规火电机组在既定水平下运行，它们能够提供一致且可预测的电量。另一方面，光伏、风力发电具有随机性、波动性，是一个不可靠且难预测的来源。例如，太阳能发电厂的能量输出可能因为云层遮挡了面板上的阳光没有任何警告而下降，同样，风速也是不可靠预测。许多可再生能源发电站，如太阳能光伏电站和风力发电场，分布在广泛的地理范围内，更加难以控制和有效管理，而控制软件是更好地监控这种波动电源的解决方案。而目前该方面技术和研究也处于发展阶段。同时，可再生能源的不可预测和不可靠给数据监测、管理及运用等工作增加了难度。

如果能将能源领域的数据挖掘分析好，就能释放大数据真正的意义和价值，然而，大数据的运用并非一件易事。

在电力行业，大数据已经被提升至企业战略层面。大数据时代为电力行业带来了新的发展机遇，同时也提出了新的挑战。随着信息化建设的不断深入，大数据带来了海量存储、存储升级成本较高、系统响应速度较慢等挑战。同时，在发挥正面价值时，还需警惕大数据应用对隐私、公平等长远价值带来的负面影响。电力大数据由于涉及众多技术信息和隐私，且地域覆盖范围广阔，安全问题不容忽视。

第三章　光伏与风力发电系统信息建模及数据采集技术

第一节　系统主要设备及数据采集需求

一、系统类型与结构

1. 光伏电站

光伏电站是由若干个光伏发电阵列及升压并网设备组成的发电站（见图 3-1）。大型光伏电站可能含有上百个光伏发电阵列，占地上百公顷。

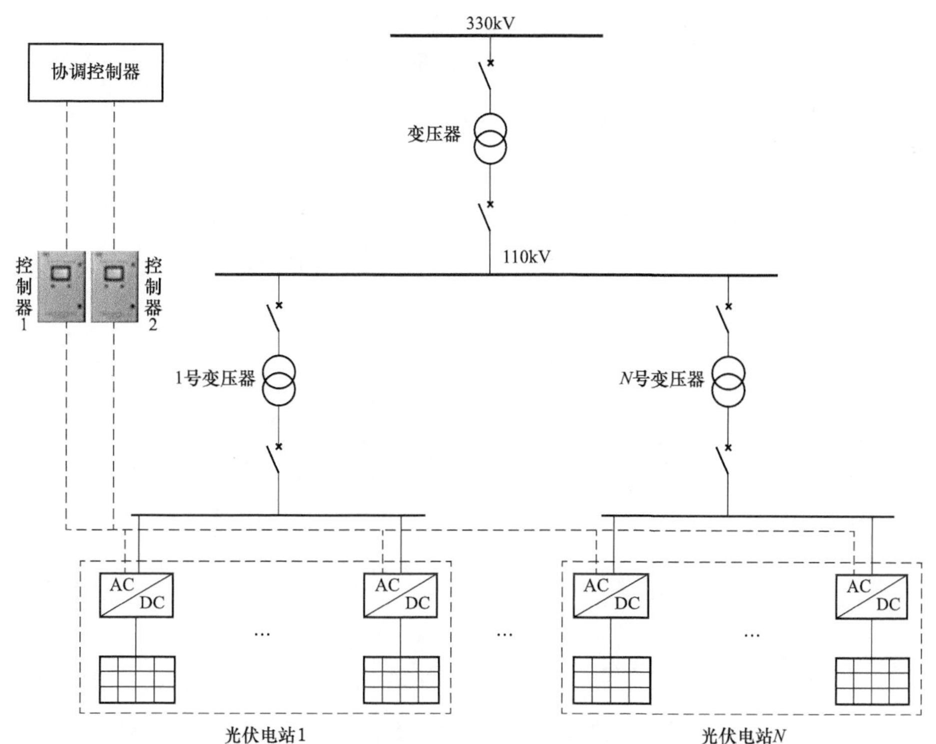

图 3-1　光伏电站拓扑结构图

一般情况下，大型光伏电站主要采用单机容量为500kW～2MW的集中式逆变器将光伏阵列输出的直流电转换为交流电，经箱式变压器升压至10kV，再将多条集电线路经母线汇集后，集中升压至35kV或110kV接入当地电网。

（1）主要组成部分。光伏电站的组成设备分为一次部分和二次部分。大型光伏电站一般装机容量为10MW以上，由光伏阵列、汇流箱、直流柜、逆变器、单元升压变压器、电站升压站、气象站等组成。

1）光伏阵列。光伏阵列一般包括光伏组件、光伏组串、光伏子阵列及其测量装置。

2）汇流箱。汇流箱是将直流电流进行并联汇流输出的装置。一般情况下，直流汇流箱每路输入电流接入一个组串的输入电流、输出为对应光伏子阵的电流。

3）逆变器。风力与光伏发电均需用到逆变器，光伏逆变器主要作用是将光伏组件所发的直流电转换为与电网同频率同相位的正弦交流电，而风力并网逆变器主要作用是将电能交流变直流，再变交流，其主要目的是提高电能质量。

4）单元升压变压器。单元升压变压器变比一般为400V/10kV，一次部分是升压变压器本体，二次部分是测控保护部分。

5）电站升压站。变比一般为10kV/110kV或35kV/110kV。一次部分包括开关、母线、接入线路（10kV），送出线路（110kV或220kV），无功补偿设备或静止无功发生器（Static Var Generator，SVG），升压变压器；二次部分包括测控、保护、计量设备等。

（2）电压等级。大型光伏电站各组成部分的主要电压等级为：

1）逆变器输出端：通常400V。

2）单元升压变压器：输入电压为400V；输出电压通常为10kV。

3）汇集线路：10kV。

4）升压站：输入电压为10kV；输出电压为35kV/110kV等。

2. 风力发电场

风力发电场是由若干风力发电机组及升压并网设备组成的发电站（见图3-2）。随着风机技术的不断发展，陆上风力发电单机容量可达3MW，大型风力发电场可含有上百台风机。风力发电场一般采用单机容量兆瓦级（一般为1～

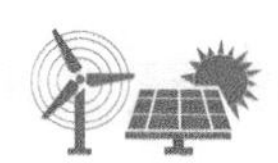

3MW）的风力发电机组将风能转化为交流电，再经箱式变压器升压至 35kV，将多条集电线路经母线汇集后，集中升压至 110kV 接入当地电网。

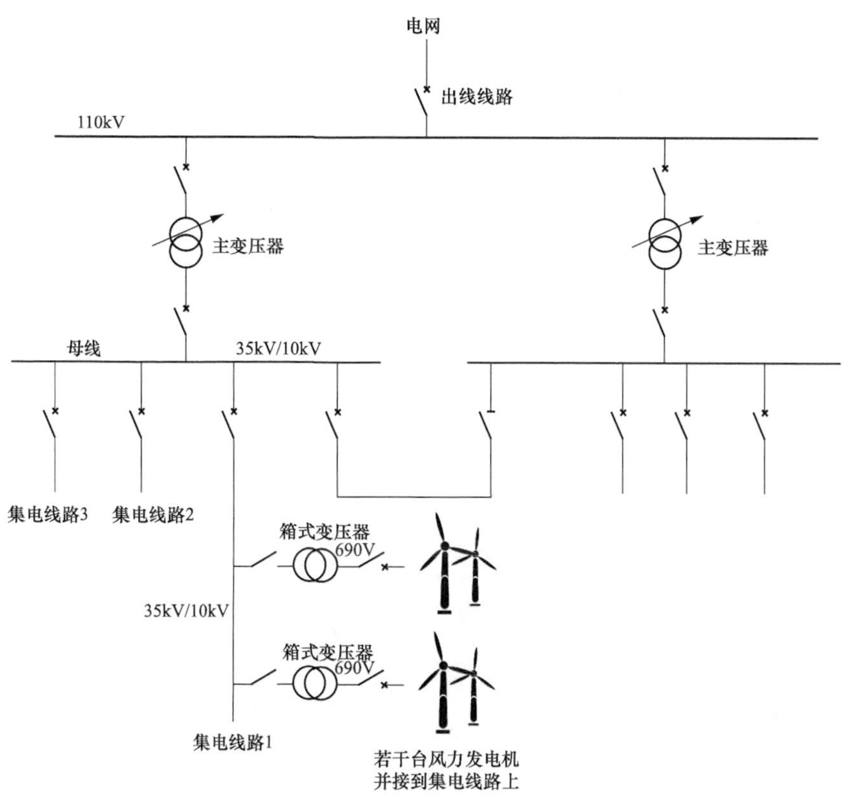

图 3-2　风力发电场拓扑结构图

（1）主要组成部分。风力发电场的组成设备分为一次部分和二次部分。大型风力发电场装机容量可达 300～400MW，由风力发电机组、集电系统、逆变器、单元升压变电站、电站升压站等部分组成。

1）风力发电机组：依据风机运行转速和发电机类型，可将风力发电机组分成笼式感应发电机、双馈感应式发电机、直驱式永磁同步发电机等。

2）集电系统：集电系统的作用是将电能按组收集起来送入升压站，分组采用位置就近原则，包含集电变压器、集电线路等。

3）逆变器：将直流电转换为交流电的装置，将阵列产生的直流电转换为交流电，包含其二次测控设备。

4）单元升压变电站：单元（通常是指风电机组）变压器变比一般为 690V/

35kV，一次部分是升压变压器本体，二次部分是测控保护部分。

5）电站升压站：升压站的主变压器变比一般为35kV/110kV。一次部分包括开关、母线、接入线路（35kV），送出线路（110kV或220kV），无功补偿设备或SVG，升压变压器；二次部分包括测控、保护、计量设备等。

（2）电压等级。大型光伏电站各组成部分的主要电压等级为：

1）风力发电机组输出端：通常为690V。

2）单元升压变压器：输入电压为690V；输出电压通常为35kV。

3）汇集线路：35kV。

4）升压站：输入电压为35kV；输出电压为110kV等。

二、系统主要设备及其数据采集需求

光伏与风力发电系统的主要设备有发电单元（风机、光伏阵列）、单元升压变压器、气象站、升压站等。

1. 发电单元

（1）新发电单元/阵列功能及特点。

1）光伏发电单元：一定数量的光伏组件通过串并联方式，形成光伏阵列，经过直流汇流箱汇流至光伏逆变器入口或直流配电柜入口，称为一个光伏发电单元。

2）风机：风力发电机组通过并联方式，经过集电线送至升压站。风力发电机组一般分组集电，分组采用位置就近原则，每组包含风机数目大体相同，称为一个联合单元。

（2）实际监控需求。

1）光伏发电单元/阵列主要需求为：监控每个组件、组串和光伏子阵的输出电流和电压，通过采集此类信息用于判断光伏组件或组串的运行情况或故障状态。

2）风力发电机组监视内容较为复杂，包括电网参数（电压、频率、功率因数等）和机组参数（机组状态、方位、实时发电功率、转速、变桨距角、各部位温度、油温、机组自动操作动作和事件等）。

2. 单元升压变压器

（1）单元升压变压器功能及特点。单元升压变压器将新能源发电单元的出

口电压（一般光伏为400V，风力发电为690V）升至10kV或35kV再传至汇集线路或变电站。

（2）升压变压器实际监控需求：主要是数据采集与监视控制系统（Supervisory Control And Data Acquisition，SCADA）基本功能和一些统计分析功能。

3. 气象站

（1）气象站功能及特点。光伏电站气象站的主要功能为：测量光伏电站的环境温度、湿度、雨量、直接辐射、散射辐射、总辐射、日照时数等信息。风力发电场气象站监测内容包括风速、风向、气温、气压、湿度、冰冻等。测量数据被记录在数据记录仪中，其数据可上送至监控系统，对气象数据进行采集和利用。

（2）气象站实际监控需求。IEC 61850-7-420提供的气象站建模标准是可扩展的，因此针对实际中的气象站数据可也进行信息扩展。实际中，气象站监控的需求有：

1）基本SCADA具备的数据采样、存储、显示、图形编辑、图形浏览、曲线显示、告警、基本控制等功能。

2）统计分析功能：主要是对环境温度、直接辐射、散射辐射、总辐射等信息进行时、日、月、年数据统计，同时可进行数据比对以评估光伏电站不同区域光资源分布状况。

4. 升压站

（1）升压站功能及特点。升压站将各线路输送的电能升压至35kV/110kV后接入输电网，其功能与特点与常规变电站类似。

（2）升压站实际监控需求。常规变电站包括多种设备，很多设备都有相应的通信、控制功能，可接入监控系统。根据IEC 61970的CIM建模标准，在实际建模时，可将各设备进行关联，形成一定的层次、继承关系，以便进行分析处理。

升压站包括开关、母线、容抗器、升压变压器等多种一次设备，以及测控/保护、电能质量检测、电能计量等二次设备。以下就各设备的功能、特点及需求进行具体展开。

1）开关及其测控保护。开关及其测控保护在监控系统中体现为开关模型。根据测控保护装置的上送数据，可采集开关遥信及其他相关信号。

开关在系统中作为一种常见和重要的设备，可作为划分其他各设备的分隔，在监控系统中根据这种特点可将开关及其关联设备进行组合，形成“间隔”的概念，这样对于设备的分类、组合、拓扑分析都有一定帮助。

2）母线及其测控保护。变电站中的母线及其测控保护一般可上送三相电压与电流、三线电压等相关的遥测量。在监控系统中，这些遥测主要用于图形显示、告警等功能。

3）无功补偿设备。无功补偿设备包括容抗器及静止无功补偿器等设备。

静止无功补偿器是一种没有旋转部件，快速、平滑可控的动态无功功率补偿装置。它是将可控的电抗器和电力电容器（固定或分组投切）并联使用。电容器可发出无功功率（容性的），可控电抗器可吸收无功功率（感性的）。通过对电容器、电抗器进行调节，可以使整个装置平滑地从发出无功功率改变到吸收无功功率（或反向进行），并且响应快速。

无功补偿设备监控应具备各 SCADA 基本功能。此外也可针对设备特性增加一些闭锁控制、状态监视及告警等功能。

4）升压变压器。升压变压器与常规变电站中的主变压器相同，可采用类似于常规变电站变压器建模的方式对其进行处理。

在监控中，可采集其上送的各种电压、电流、有无功数据，实现基本 SCADA 功能，以及图形浏览、告警、统计分析等其他功能。

5）电能质量监测设备。电能质量监测设备用于测量分析新能源电能质量，其测量分析的主要内容包括：并网点频率偏差、电压偏差、电压波动和闪变、三相电压允许不平衡度；定时记录和存储电压、电流、有功功率、无功功率、频率、相位等电力参数的变化趋势以及测试分析光伏电站无功补偿及滤波装置动态参数并对其功能和技术指标做出定量评价。

电能质量监测设备主要是对系统输出的有/无功、电压与电流等信号进行采集和分析。在实际中，有些电能质量检测设备会提供数据上送功能，在监控系统里应具有相应的 SCADA 功能，以提供数据采集存储等功能。此外也可提供统计分析等功能以对电能质量进行详细评估和历史分析等。

6）电能表。电能表一般均采用了高精度的 A/D 转换器，将电网的电压、电流信号进行采样和模数转换，然后利用高速微处理器对数字信号进行分析、处理和数据再加工、分拣，从而产生各种计量数据；最后利用各种通信接口、

人机界面实现与各种设备进行对接。

三、信息建模标准

与电力自动化中数学建模相比，信息建模的历史虽然不长，但焦点却发生着变化，初期侧重于信息的存储、检索，甚至一段时间内，信息建模被不精确地等同于数据库设计。由于应用系统的需要，信息建模开始转向服务于信息系统，这时信息模型主要体现的物理逻辑，包括信息的数据含义和信息之间的关系。

随着分布式系统的发展开放成为趋势，为实现不同系统间的互操作和信息共享，势必需要制定统一标准以支撑电力系统管理及信息交换技术。数据通信中信息交换的开放和应用集成中功能调用的开放，如果能成为公认标准，就是通信标准和接口标准，例如 IEC 61850 和 IEC 61970。目前，调度中心和变电站自动化系统各自遵循不同的标准体系，调度主站 EMS 系统遵循 IEC 61970，数字化变电站遵循 IEC 61850，两项标准均可用于新能源场站的信息建模。

IEC 61970 是国际电工委员会制定的《能量管理系统应用程序接口（EMS-API）》系列国际标准。对应国内的电力行业标准 DL 890。IEC 61970 系列标准定义了能量管理系统（Energy Management System，EMS）的应用程序接口（Application Programming Interface，API），目的在于便于集成来自不同厂家的 EMS 内部的各种应用，便于将 EMS 与调度中心内部其他系统互联，以及便于实现不同调度中心 EMS 之间的模型交换。IEC 61970 主要由接口参考模型、公共信息模型（Common Information Model，CIM）和组件接口规范（Component Interface Specification，CIS）三部分组成。接口参考模型说明了系统集成的方式，公共信息模型定义了信息交换的语义，组件接口规范明确了信息交换的语法。

IEC 61850 是由国际电工委员会制定的、《变电站通信网络和系统》系列国际标准，采用面向对象的建模技术，对大多数公共实际设备和设备组件进行建模。这些模型定义了公共数据格式、标识符、行为和控制，解决了变电站自动化系统产品的互操作性和协议转换问题。采用该标准还可使变电站自动化设备具有自描述、自诊断和即插即用（Plug and Play）的特性，极大地方便了系统的集成，降低了变电站自动化系统的工程费用。

第二节　远程通信网络

光伏与风力发电系统接入通信系统涉及过去已在成熟应用或者即将应用的电力通信骨干通信网技术和终端通信网技术。国家电网有限公司电力通信经过多年发展和建设，目前形成相对稳定的网络体系架构。电力通信网主要由骨干通信网和终端通信接入网两部分组成。其中，骨干通信网涵盖35kV及以上电网，由跨区、区域、省、地市（含区县）共4级通信网络组成，骨干通信网被划分为传输网、业务网和支撑网。终端通信接入网由10kV通信接入网和0.4kV通信接入网两部分组成，分别涵盖10kV（含6kV、20kV）和0.4kV电网。在业务承载方面，电力通信网主要承载了电网运行控制类业务、生产管理类业务以及企业管理类业务。

一、骨干通信网

骨干通信网相关通信技术在新能源接入中主要承载场站侧和电网侧之间的数据传输和交换，包括运行业务和管理业务。对于大型风力发电厂，风机之间的连接也可能用到骨干通信网技术。

传输网负责对业务网及其他业务应用系统提供传输通道。传输网由传输线路及传输设备组成，以光纤通信为主，微波、载波、卫星为辅，多种传输技术并存。其中，光纤通信采用光纤复合地线（Optical Fiber Composite Overhead Ground Wire，OPGW）、非金属自承式光缆（All Dielectric Self Supporting，ADSS）、普通光缆和音频电缆作为传输媒介。传输网通信技术目前主要是同步数字体系（Synchronous Digital Hierarchy，SDH）和光传送网（Optical Transport Network，OTN）技术。

业务网负责向用户提供各种通信业务，如数据、多媒体、基本语音等业务的网络。业务网由数据网和交换网组成。其中，数据网包括调度数据网和综合数据网（数据通信网）。调度数据网通过虚拟专用网（Virtual Private Network，VPN）实现了调度实时业务与调度非实时业务的划分；综合数据网分为信息内网与信息外网，根据业务服务对象的不同，信息内网划分为调度VPN、信息VPN和语音视频VPN。

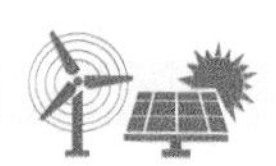

交换网包括行政交换网和调度交换网。行政电话交换网采用“四级汇接、五级交换”的网络结构，在条件具备的情况下，局间中继则采用共路信令。调度电话交换网络结构采用分层汇接方式，以 2Mbit/s 数字中继方式组网，其组网信令采用 Q 信令或透明信令。

支撑网负责提供业务网正常运行所必需的信令、同步、网络管理、业务管理、运营管理等功能。支撑网由网管系统和同步网组成。其中，网管系统包含通信设备网管系统和通信管理系统（SGTMS）两部分。设备网管系统包括在各省公司或地市公司部署的设备厂商提供的网元或子网管理系统，以及在多厂商平台上的网络级通信管理系统。通信管理系统（SGTMS）接入公司现有的信息内网，可实现国家电网有限公司总部与省公司通信管理系统之间的互联。

同步网由时间同步系统和频率同步系统两部分组成。其中，频率同步系统主要是主基准时钟（PRC）和非自主基准时钟（LPR）相结合的多基准时钟控制混合数字同步网。

二、终端通信接入网

终端通信接入网相关通信技术在新能源接入中可能承载站内业务，也可能承载站外业务。终端通信接入网是骨干通信网络的延伸，提供配电与用电业务终端与电力骨干通信网络的连接，具有业务承载和信息传送功能。接入网由业务节点接口和用户网络接口之间一系列传送实体（如线路设施和传输设施等）组成，具体分为 10kV 通信接入网和 0.4kV 通信接入网两部分。目前国内通信接入网采用了多种技术体制，包括光纤、无线、电力线载波和公网 GRPS 等多种方式或其组合。

1. 光纤

无源光网络（Passive Optical Network，PON）是一种点到多点结构的单纤双向光接入网络，其典型的网络拓扑结构是树形网络。PON 系统由光线路终端（Optical Line Terminal，OLT）、光分配网络（Optical Distribution Network，ODN）和光网络单元（Optical Network Unit，ONU）组成。光分配网络自光线路终端起始，通过分光器（Passive Optical Splitter，POS）将单根光纤分为多根光纤连接至光网络单元，通过时分复用实现基于单纤的点到多点光通信。无源光网络包括 EPON 和 GPON。

（1）主要技术特点：不需要有源设备实现光路的分散，提高了光网络的可靠性和可维护性，节约了纤芯数量。

（2）典型应用场景：在公网中承担最后一公里接入，具有广泛的应用，在电力系统配网通信、用电信息采集具有应用。

2. 工业以太网

工业以太网是应用于工业控制领域的以太网技术，在技术上与商用以太网（即 IEEE 802.3）兼容，产品在材质的选用、实时性、互操作性、可靠性、抗干扰性、本质安全性等方面进行改进，以满足工业现场的需要。为了满足高实时性能应用的需要，对通信协议进行改进，以太网的实时响应时间可以提高到低于 1ms，从而产生了实时以太网（Real-Time Ethernet，RTE）。实时以太网通信标准包括中国的 EPA、西门子的 ProfiNet、美国 Rockwell 的 Ethernet/IP、丹麦的 P-Net、德国倍福的 EtherCAT、欧洲开放网络联合会的 Ethernet PowerLink 与 Sercos-Ⅲ、施耐德的 Modbus-RTPS、日本横河的 VNet、日本东芝的 TCNet 等。

（1）主要技术特点：网络生存性和可用性高，组网灵活。

（2）典型应用场景：在工业自动化领域应用广泛，在电力系统变电站自动化中应用较多，配网通信具有应用。

3. 无线通信

无线通信包括无线公网和无线专网。我国公用无线通信系统采用的网络制式主要为 2 代系统 GSM/GPRS，3 代系统 CDMA2000、WCDMA、TD-SCDMA，4 代系统 TD-LTE 和 FD-LTE 等。电力用的无线通信包括电力无线专网（230MHz 及 1.8GHz）及基于公网安全增强的虚拟无线专网。

（1）主要技术特点：具有普遍接入能力，网络部署容易。

（2）典型应用场景：公网移动通信，电力系统负荷管理、远程数据采集和抄表。

4. 电力线通信

电力线通信（Power Line Communications，PLC）作为电网所特有的通信方式，按电压等级分为高压、中压和低压三种情况。中压 PLC 广泛采用低速率窄带 PLC 技术，在 5～95kHz 频段内，速率可达 125kbit/s。中压宽带 PLC 可能的工作频段为 2～30MHz，数据速率可达 2Mbit/s。低压电力线载波通信（低压 PLC）

方式是通过 0.4kV 低压电力线路作为通信物理通道进行数据传输的通信方式。低压宽带 PLC 一般频带限定在 1～40MHz 范围内，传输速率可达 200Mbit/s。低压窄带 PLC 一般频带限定在 3～500kHz 范围内，传输速率小于 1Mbit/s。

(1) 主要技术特点：网络成本低，网络部署容易。

(2) 典型应用场景：智能家居、远程抄表。

5. 短距离无线通信

短距离无线通信或基于传输速度、距离、耗电量的特别需求，或着眼于功能的扩充性，或符合某些单一应用的特别需求，或建立竞争技术的差异化等。主要包括 IrDA 技术、蓝牙（Bluetooth）技术、Wi-Fi 技术、RFID 技术、UWB 技术、ZigBee 技术。

(1) 主要技术特点：低功耗，深度覆盖。

(2) 典型应用场景：现场传感器数据采集。

6. 低功耗广域网络

低功耗广域网络（Low-Power Wide-Area Network LPWAN）是面向物联网中远距离和低功耗的通信需求，近年出现的一种物联网网络层技术，包括LoRa、SigFox、LTE-M、NWave、OnRamp、Platanus、Telensa、Weightless、Amber Wireless 等。

(1) 主要技术特点：传输距离远，节点功耗低。

(2) 典型应用场景：场传感器数据采集。

第三节　数据通信协议

一、模型基本结构

新能源电站模型层次结构可以分为三个级别。

第一级：电站→发电单元，主要数据有电站 ID、电站所有发电单元 ID、主变压器（包括馈线电压电流）、电量、并网点、气象站。

第二级：发电单元组→发电单元→逆变器，主要数据有该组所有发电单元 ID、逆变器、升压变压器、跟踪器。

第三级：逆变器→汇流箱，主要数据有该逆变器所有汇流箱 ID、汇流箱数据。

二、数据模型描述方式

新能源电站数据json文本分两个类型：①电站数据包：电站→发电单元ID；②发电单元组数据包：发电单元组→发电单元结构体→逆变器→汇流箱。每5min/15min传输的全站数据被分割成1个电站数据包和n个发电单元组数据包，其中，n是由电站的发电单元数量决定的。每20个发电单元分为一组，拥有200个发电单元的200MW电站会被分割为10个发电单元组数据包和1个电站数据包。

（1）电站数据包实例：假设电站有2个发电单元、2个并网点。电站数据包实例如下：

{"Plant_GS_ZGHWUWEI":{
"units":["unit0","unit1"],
"main-trans":{"voltage":16.35,"current":4.73},
"meteo":{"temp":4.27,"ctemp":30.49,"winddir":3.59,"windsp":16.67,"hgrad":575.3,"hdrad":8.41,"hsrad":509.45},
"connection-points":
[{"point_id":"cp0","sw_pos":0,"power":711.31,"re-power":163.05},
{"point_id":"cp1","sw_pos":0,"power":251.69,"re-power":511.98}],
"product-energy":
[{"pe_id":"pe0","gen_grid":666.1,"gen_total":511.64},
{"pe_id":"pe1","gen_grid":821.83,"gen_total":910.26}],
"load":938.71}}

（2）发电单元组实例：假设发电单元组有1个发电单元，每个发电单元1个逆变器，每个逆变器有1个汇流箱。每个发电单元有1个光伏跟踪器。发电单元组数据包实例如下：

{"units":
[{"unit_id":"unit0",
"transformer":
{"trans_id":"trans1","in_power":19.04,"in_factor":84.31,"out_power":13.33,"out_factor":779.27},
"inverters":
[{"invt_id":"inverter0","dc_power":4.96,"dc_v":1.24,"dc_cur":6.33,"ac_power":

96.4,"ac_power_factor":7.8,"ac_cur":2.59,"gen_total":759.59,"run_state":0,"Limit_power":13.26,

"cboxes":

[{"cbox_id":"cbox0","dc_v":28.88,"dc_cur_0":13.21,"dc_cur_1":0.28,"dc_cur_2":14.91,"dc_cur_3":5.79,"dc_cur_4":19.83,"dc_cur_5":10.14,"dc_cur_6":18.45,"dc_cur_7":13.9,"dc_cur_8":16.79,"dc_cur_9":0.49,"dc_cur_10":10.89,"dc_cur_11":19.99,"dc_cur_12":7.79,"dc_cur_13":14.37,"dc_cur_14":13.77,"dc_cur_15":7.89

}]

}],

"tracker":

[{"tracker_id":"tracer0","dip_ang":160.25,"dir_ang":225.99,"track_info":0}]

}]

}

第四节　信息安全传输

一、密码学及其在通信安全的实现技术

1. 现代密码学技术

现代密码学技术在实现方式上通常基于密码算法和密钥两部分。密码算法包括对称算法和非对称算法。现行的密码算法有很多种，SM1、SM2、SM3 是国家密码管理局推荐的商用国产密码算法，用于替代国外的相关算法以保护国家商业机密，已在交通、金融、社保、石油、电力等国家基础行业普遍应用。SM1 是对称算法，主要用于数据快速加密；SM2 是非对称算法，与数据压缩算法 SM3 配合，主要应用于密钥协商、数据签名和签名验证等方面。在实际使用中，通常通信实体双方通过非对称算法协商对称算法的临时会话密钥，用临时会话密钥保护数据的机密性。另外，非对称算法和对称算法还可自由组合用于实现身份认证等访问控制策略。

公钥密码算法 SM2 高效硬件实现模型设计作为已完全掌握的技术，可以为解决新能源大数据高并发接入、算法效率提升等需求奠定坚实基础。大数模乘作为公钥密码学算法（如椭圆曲线密码算法、RSA）的关键运算操作，其速度

直接决定了公钥密码算法的执行速度。目前，使用最广泛的模乘算法是蒙哥马利算法，基本思想是通过简化模运算中估计商的操作来提高模乘的计算效率。影响模乘装置速度的因素包含最高工作频率和处理周期数目两方面，二者共同决定了模乘的速度；高基的蒙哥马利算法所需要的处理周期数目远小于以 2 为基的，因此更适合用在高速的模乘装置中。实现高基蒙哥马利模乘的常用结构是脉动阵列架构，但其缺陷是需要至少 2 个周期才能确定一个商，这样处理 n 个字模乘需要的时钟周期数至少为 $2n$。另一种可选的结构称为并行阵列架构或半脉动阵列架构，它可以在约 n 个周期内完成一次 n 个字的模乘，但其缺陷是关键路径过长，导致系统最高工作频率很低，因为在一个周期内需要处理太多字的乘法及加法操作。

2. 基于协处理器的密码芯片技术

随着密码技术的快速发展，密码算法日趋复杂，为了提高算法的实现效率，密码运算越来越倾向硬件化、模块化，安全芯片硬件实现相关安全算法较软件实现的密码算法在运行效率、抗攻击性、可靠性上有明显优势。基于协处理器的密码芯片技术通常在一颗安全芯片上集成多种对称和非对称算法，并在芯片上集成算法协处理器，以提高算法的运算效率。在安全性方面，芯片还设计有真随机数发生器、安全存储区、模拟环境监测电路等辅助单元。在兼容性方面，芯片配置有多种通信接口，如 ISO 7816、SPI、USB 接口等，可通过多种方式实现通信数据的发送和接收。

3. 基于 SOC 芯片的密钥管理技术

基于 SOC 芯片的密钥管理技术主要以安全芯片为载体，以芯片操作系统为管理平台，从密钥的产生、存储、运用、更新、传递等方面进行综合管理，其管理的安全性主要体现在芯片硬件和芯片软件防护两个方面。硬件方面可对运算过程中芯片 RAM 内和总线上中间过程数据进行加密保护，对抗 RAM 与总线监听攻击，防止芯片解剖、故障注入、功率分析等多种侵入式、半侵入式和非侵入式芯片级攻击手段；软件方面可以实现访问控制、读写权限控制、密钥安全存取管理、文件管理。通过两个层面的防护可防止密钥被非法读取，确保即使配电终端失窃，恶意第三方也无法获取芯片内部存储的密钥。

二、虚拟专用网接入技术

虚拟专用网（Virtual Private Network，VPN）接入技术实现对企业内部网

的扩展，帮助远程终端、分支机构、商业伙伴及供应商同公司的内部网建立可信的安全连接，并保证数据的安全传输。VPN 被定义为通过一个公用网络（通常是因特网）建立一个临时的、安全的连接，是一条穿过混乱公用网络的安全、稳定的隧道。VPN 技术有很多种，简单的 VPN 技术有 IPinIP 和 IPtunnel 等，复杂的则采用了标准化机密措施的 VPN，如 IPSec VPN 和 SSL VPN。目前市场上应用最广泛的 VPN 技术解决方案是 IPSec VPN 和 SSL VPN 两种。IPSec（Internet Protocol Security，IP 安全协议）是被广泛采用的一种 VPN 技术，是由因特网工程任务组（the Internet Engineering Task Force，IETF）开发的一组身份验证和加密的协议，是一个范围广泛、开放的虚拟专用网安全协议，它提供所有在网络层上的数据保护并提供透明的安全通信，可用于 IP 网络中的数据保密、完整性检查、身份验证和密钥管理等诸多方面。基于 IPSec 的 VPN 技术主要目的是解决网络通信的安全性和利用开放的因特网实现异地的局域网络之间的虚拟连接，IPSec VPN 既可以在 IPv4 网络和 IPv6 网络中部署。SSL VPN 广泛应用于基于 Web 的远程安全接入，为用户远程访问公司内部网络提供了安全保证。SSL VPN 基于 SSL 协议，可以保证信息传输的安全性；它是在可使用 Web 浏览器来建立 SSL VPN 连接之后传输信息的一种方法，所以它是无客户端的，节约了部署、管理的成本，可扩展性好；SSL VPN 通过在客户到所访问的资源之间建立安全通道实现细访问控制粒度。但由于 SSL VPN 是基于 Web 浏览器的，可以很好地支持 B/S 应用，但对于 C/S 的应用支持不完善，由于很多企业 C/S 应用比较多，SSL VPN 的使用受到了很大程度的限制。SSL VPN 目前正在进入高速发展阶段，综合分析国内外相关技术，其发展趋势有如下几个特点：支持更多的终端计算环境、更强大的动态授权管理、更高的处理性能、网络优化与加速。VPN 技术得到工信部及国家电网公司等部门的肯定。工信部《关于加强工业控制系统信息安全管理的通知》中明确提出工业控制信息需要采用 VPN 等技术进行数据保护。而在此之前，国家电网公司下发的《电力二次系统安全防护规定》中提出的“安全分区、网络专用、横向隔离、纵向认证”方针中的“纵向认证”，正是主要通过 VPN 技术实现的，鉴于纵向通信加密算法、工作方式和通信协议可统一指定，通过简化 IPSec VPN 的密钥协商协议，在保证安全保护强度的同时，降低了 VPN 设备实现复杂度和成本，提高了 VPN 运行效率和稳定性。2014 年 9 月以中华人民共和国发展和改革委员会第

14 号令《电力监控系统安全防护规定》形式颁布实施，规定中明确指出生产控制大区的业务系统在与其终端的纵向联接中使用无线通信网、电力企业其他数据网（非电力调度数据网）或者外部公用数据网的虚拟专用网等进行通信的，应当设立安全接入区。

第五节 通信接入方式

就地物理架构如图 3-3 所示，根据国家电网公司信息安全防护的配置要求设计，通信过程如下：

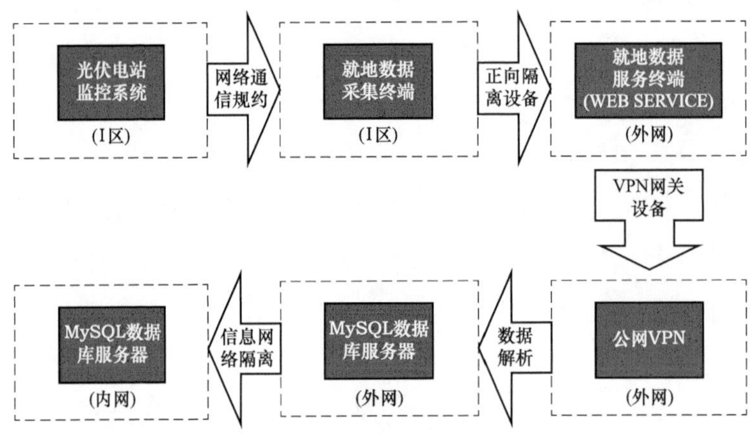

图 3-3 就地物理架构

（1）在新能源电站内生产控制大区（Ⅰ区）新增 1 台就地数据采集终端，通过 104 或 Modbus 等网络通信规约获取光伏电站监控系统数据，并通过正向隔离设备将数据推送到外网；

（2）外网配置 IPSecVPN 网络，保证信息安全传输；

（3）在信息外网与办公内网之间配置数据库镜像服务器，穿越信息网络隔离。

第六节 数据采集

各种数据采集的信息如表 3-1～表 3-6 所示。

表 3-1　　新能源电站基础信息表

分类	数据名称
电站基本信息	电站名称
	电站地址：经纬度、海拔
	业主、承建商
	投运时间
	电站装机容量
	安装运行方式：固定、斜单轴跟踪、平单轴跟踪、双轴跟踪
设备与软件系统信息	组件生产商、类型和数量
	逆变器生产商、型号和数量
	变压器生产商、型号和数量
	监控系统生产商
	功率预测系统生产商
	气象数据采集系统生产商
经济、资产类信息	上网电价、脱硫标杆电价
	计费点电压等级、送出电压等级
	电站占地面积、土地费用
	建设投资总额、建安成本
	融资方式、融资成本
电站评估信息	评估年发电量
	评估年方阵面总辐射量

表 3-2　　新能源电站采集信息表

分类	数据名称	数据采集周期	单位
环境	水平面总辐射	1～5min	W/m^2
	水平面直接辐射	1～5min	W/m^2
	水平面散射辐射	1～5min	W/m^2
	组件温度	1～5min	℃
	环境温度	1～5min	℃
	风速	1～5min	m/s
	风向	1～5min	°
逆变器	直流侧功率	1～5min	kW
	直流侧电压	1～5min	V
	直流侧电流	1～5min	A
	交流侧有功功率	1～5min	kW
	交流侧功率因数	1～5min	
	交流侧电压	1～5min	V
	当日发电量	1～5min	kWh
	累计发电量	1～5min	kWh

续表

分类	数据名称	数据采集周期	单位
逆变器	运行状态	1～5min	
	故障类型	1～5min	
	有功功率限值	1～5min	%
并网点	开关位置	1～5min	
	并网点电压	1～5min	V
	并网点电流	1～5min	A
	并网点频率	1～5min	Hz
电量	总发电量	5～15min	kWh
	总上网电量	5～15min	kWh
直流汇流箱	组串电流	5～15min	A
	直流母线电压	5～15min	V
光伏跟踪器	倾角	5～15min	
	方位角	5～15min	
	运行状态	5～15min	
升压变压器	输入有功功率	5～15min	kW
	输入功率因数	5～15min	
	输出有功功率	5～15min	kW
	输出功率因数	5～15min	

表 3-3　　　　气象站基础信息表

分类	数据名称
气象站基本信息	安装位置：经纬度、海拔
	生产厂家、型号
气象站传感器信息	辐射传感器：精度、型号
	温湿度传感器：精度、型号
	风向风力传感器：精度、型号
	通信方式，数据更新周期

表 3-4　　　　气象站采集信息表

分类	数据名称	数据采集周期	单位
环境数据	水平面总辐射	1～5min	W/m^2
	水平面直接辐射	1～5min	W/m^2
	水平面散射辐射	1～5min	W/m^2
	组件温度	1～5min	℃
	环境温度	1～5min	℃
	风速	1～5min	m/s
	风向	1～5min	°

表 3-5　　　　逆变器故障信息

一般故障	散热器过热
	从机初始化错误
	逆变幅值错误
	电流硬过流
	驱动过流
	软启动故障
	逆流过流
	硬件中断
	温度传感器故障
	门开关故障
	电抗温开关
	逆电压失效
	电容中点电压故障
	逆流直分超限
	T 温开关故障
	紧急停机
采样故障	逆电流采样故障
	直电流采样故障
	网电流采样故障
直流侧故障	直流软过压
	直流母线接地故障
	直漏电流故障
	直电流过流
交流侧故障	网压不对称
	网流过载
	网流不对称
交流侧故障	电网相序错误
	电网缺相
	电网频率错误
	电网幅值错误
其他故障	同步相位错误
	交流漏电流故障

表 3-6　　　　汇流箱故障信息

一般故障	各路电流过流
	各路电流不均衡
	防雷器故障
	箱内温度过高

第七节 数据监测误差特性

一、目标和方法

由于设备、通信等问题影响，监测系统不定期出现缺测、漏测以及异常观测数据。尽管相关技术规范已对数据畅通率提出要求，但总体维护情况不尽理想，使得监测数据的误差和异常等问题难以从根本上予以克服。下文以气象数据监测为例，说明监测数据误差分析方法。

研究显示，对异常数据可通过对气象监测数据分析、监测误差特性等方法的探索性研究予以辨识，从而支撑相应的误差质量控制方法研究，杜绝低质量信息对气象资源基础数据库造成负面影响。

依据生成原因机理研究，气象监测误差包括系统误差、粗大误差、随机误差和微气象误差四种。

1. 系统误差

在一定的测量条件下，对同一个被测尺寸进行多次重复测量时，误差值的大小和符号（正值或负值）保持不变；或者在条件变化时，按一定规律变化的误差。如辐射表的零点漂移就属于系统误差，此类误差经过一定的修正就可以避免。

2. 粗大误差

在一定的测量条件下，超出规定条件下预期的误差称为粗大误差。一般地，给定一个显著性的水平，按一定条件分布确定一个临界值，凡是超出临界值范围的值，就是粗大误差，它又叫做粗误差或寄生误差，针对自动气象站采集的辐射数据，这类误差主要由于观测仪器异常及在数据编码、处理、传输、存储及解码等过程中出现。

3. 随机误差

随机误差也称为偶然误差和不定误差，是由于在测定过程中一系列有关因素微小的随机波动而形成的具有相互抵偿性的误差，且无法估计，即为随机误差。随机误差是无法避免的，其总体服从正态分布。

4. 微气象误差

由小尺度天气系统扰动引起，由于观测系统时空分辨率原因，这些天气系

统一般不会被完全观测到。但当观测到这种天气系统时，其观测数据和周围台站同时间相比，就是异常值。

二、典型误差特征

1. 系统误差

由于监测设备的精度的影响，当监测辐射在小辐射数据（<2W/m^2）范围内，出现了辐射数据应为 0，实际却不为 0 的情况。例如，某自动气象站在 2012 年 11 月 25 日 0 时左右出现了非零监测数据，这类情况便是系统造成的误差（见表 3-7）。

表 3-7　　气象站系统误差示例

序号	时间	总辐射（W/m^2）
1	2012/11/25 0：10	1
2	2012/11/25 0：15	0
3	2012/11/25 0：20	1
4	2012/11/25 0：25	0
5	2012/11/25 0：30	0
6	2012/11/25 0：35	0
7	2012/11/25 0：40	0
8	2012/11/25 0：45	0
9	2012/11/25 0：50	0
10	2012/11/25 0：55	0
11	2012/11/25 1：00	1
12	2012/11/25 1：05	1
13	2012/11/25 1：15	1
14	2012/11/25 1：20	1
15	2012/11/25 1：25	1
16	2012/11/25 1：30	1
17	2012/11/25 1：35	0
18	2012/11/25 1：40	0
19	2012/11/25 1：45	1

2. 粗大误差

由于通信设备的异常，自动气象站数据中常会出现缺数的情况，这种情况下通常补填了－99，在实际建模中，就需要把这些－99 去掉。例如，某站在中午 12：00 左右出现了几个-99 的数据点（见图 3-4）。

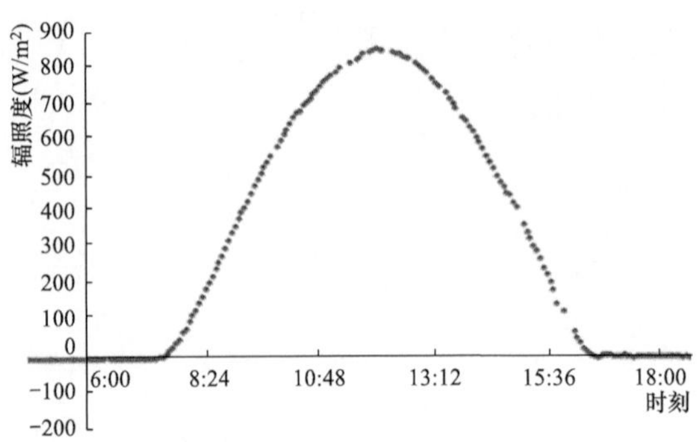

图 3-4　气象站粗大误差示例

3. 随机误差

从气象站观测数据中经常会出现随机误差，误差的产生原因很难界定。

通过同站的其他要素进行类比，有时候能找出这种误差。例如，某气象站，在 2012 年 14：40 左右，出现了总辐射值小于散射辐射的情况（见图 3-5），这与水平面总辐射总是大于散射辐射的定理相违背，因此为异常值。

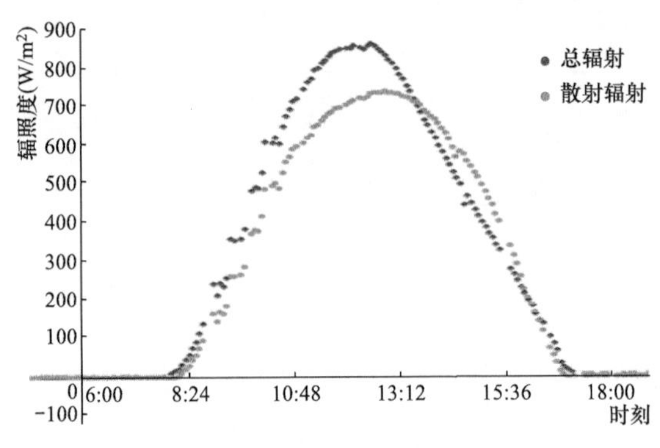

图 3-5　气象站随机误差示例

4. 微气象误差

微气象误差的产生由小尺度天气系统扰动引起，由于在对水平面辐射的监测中，受云团的运动影响较大，所以当辐射跳变时，很难界定这种扰动的原因。

第八节　数据质量控制

一、质量控制方法

下文将以气象数据为例，对数据质量控制方法进行阐述。

数据质量控制可以分为四个方面：①对观测仪器的质量控制，如针对自动气象站所在的海拔高度、仪器安装等质量控制；②通过实施监测系统在线实时数据检查，包括观测值范围和极值检查、内部一致性检查、时间连续性检查；③非实时质量控制，主要是在实时质量控制之后，对和周边的总动气象站点进行空间上连续性检查，可以使用统计分析和内存方法检验；④人工质量控制，即人工检查可能出现的可疑值。

质量控制方法主要有极值检查、异常值检查、时间相关性检查等。

1. 极值检查

极值检查首先可以去掉明显异常的极值，如由于通信原因补缺的数据（如-99），然后通过日出日落时间的判断将夜间的辐射值置 0，最后针对太阳能辐射采用如下的极值检查方法。

（1）利用总辐射总是大于等于直接辐射（在太阳高度角非常低的情况下，两者相等），来检验总辐射值和直接辐射值，去掉其中的异常值。

（2）到达地面的辐射值总是小于等于此时的太阳辐射的最大值，这个最大值是太阳未经过大气层时的辐射值，它没有大气层的经过衰减，因此是此时的最大值。

2. 异常值检查

针对异常值的检查，为了克服上述通信设备以及测量设备的影响而造成的异常数据，针对有实测功率数据的站点，通过以下几个原则来过滤这些数据：

（1）去除当辐射大于定值而功率为零的值，这里的定值可由历史数据进行统计得到。如果大于这个辐射定值，功率仍然为零，说明此时该数据为异常数据，应剔除。

（2）去除辐射等于零、功率不为零的值，这种情况是由于通信设备导致或者是自动气象站的测量仪器引起的异常数据，也应过滤掉。

（3）在小辐射范围内（据测光站历史数据决定值域）据光伏电站和测光站之间的线性关系，来进行异常值过滤。

3. 时间相关性检查

时间一致性检查是指与要素时间变化规律性是否相符的检查，有 5min 时变检查、1h 时变检查等方法。内部一致性检查是气象要素之间是否符合一定的规律，主要有同一时刻不同要素之间的一致性检查和同一时刻相同要素不同项目之间的一致性检查。

二、模块设计与实现

针对监测数据质量控制的要求，可通过数据整编工具，用来针对分钟级数据进行相关的整编工作。该工具针对多种文件类型、不同采集来源的数据进行质量控制的软件集合，其模块划分和数据流见图 3-6。

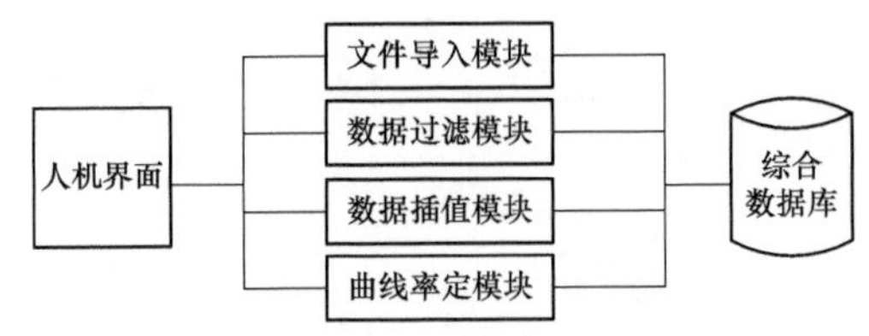

图 3-6　数据整编软件结构图

（1）综合数据库：一种各种源数据以及处理后的数据并存的数据库，是整个数据整编软件的数据核心，各个功能模块都需要通过系统数据库完成数据的互操作。

（2）人机界面：用户和系统进行交互的平台，提供了丰富多彩的查询和分析画面，图形界面既可展示数据、图形，又可对历史数据进行综合分析比较，并以图形、列表方式展示。

（3）文件导入模块：通过手动选择数据文件，将一定格式的数据文件导入综合数据库，如来自自动气象站的监测数据，包括温度、湿度、气压、风速、风向、雨量气象六要素，以及辐射、日照时间、云量等，光伏电站的数据包括历史功率数据、还原功率数据、预测功率数据等，通过导入文件程序将数据导入综合数据平台。

（4）数据过滤模块：该模块通过数据过滤的一些原则，对输入数据库的数据进行数据过滤，过滤掉数据中的异常值，通过设定一定的边界值，还可以按需求过滤数据，数据过滤模块还提供辐射和功率曲线的率定，得到辐射功率曲线。

（5）数据插值模块：对选择的数据通过一定的插值算法来得到插值数据，插值可以解决由于缺测、漏测而带来的缺数问题，或者因为去除异常值而使得数据点缺失的问题，得到一个基本符合原分布的插值后的数据。根据数据来源的不同可以选择不同的插值算法，从而得到理想的插值数据。

（6）曲线率定模块：辐射强度是太阳能电站监测的重要参数之一，建立辐照度与光伏电站输出功率的关系模型可有效评估电站的运行情况。曲线率定模

块首先建立辐照度与输出功率的数学模型，然后将辐照度与功率的计算结果与实测数据进行比较，并通过比较结果校准模型参数，得到精确的辐射功率曲线模型作为电站的运行参考。

三、案例分析

1. 异常值检验及数据过滤

针对某测光站数据，首先滤掉了系统误差造成的极值（见图 3-7），并将夜间辐射数据置 0。

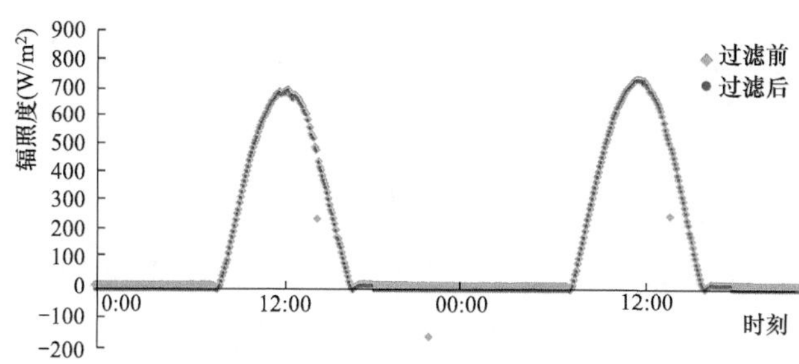

图 3-7　测光站异常数据过滤

对于离光伏电站较近的测光站数据，使用了功率数据来校验辐射数据，首先选取晴天数据，然后进行了功率辐射对比（见图 3-8），在辐射<300W/m² 的情况下，功率与辐射数据呈现了较强的线性关系，针对这种关系找出了其中的异常点，进行了过滤，见图 3-9。

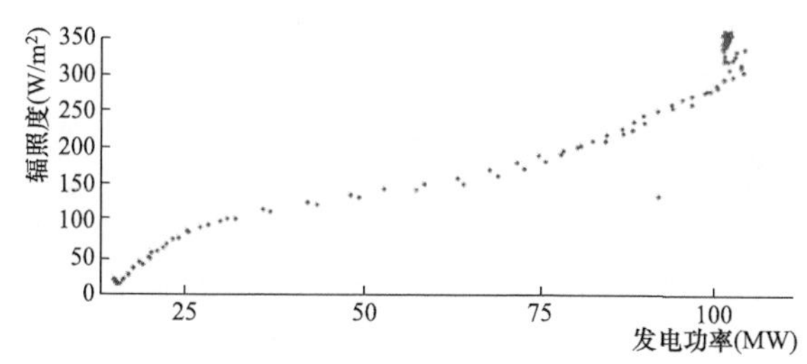

图 3-8　辐射功率数据对比

2. 数据插值

在资源评估的建模中，常需要一段连续时间内的数据，由于异常数据的存在，在进行数据过滤后，会造成数据的缺失，这种缺失会对建模过程造成一定的影响，对于数据点缺失数量少的点，可以采用线性插值等常规方法进行补数，但是如果针对数据量缺失较多的，用常规方法所作的插值可能不能很好地反映原来辐射的变化，可以采用临近气象站的数据进行相关性分析后，得到两个站之间数据对应关系，从而进行相应的补数。

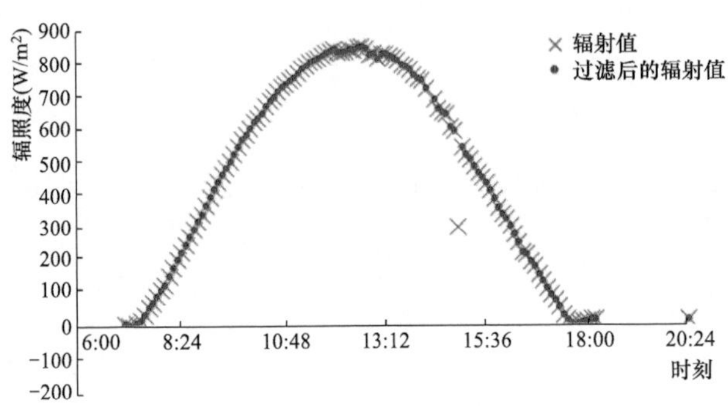

图 3-9　辐射数据过滤

例如针对某测光站，在某日中午 12h 左右缺数较多，如用常规的插值方法，显然不能反映这种变化，由于该测光站离光伏测光站较近，可以采用光伏测光站的数据进行校正，校正的结果如图 3-10 所示。

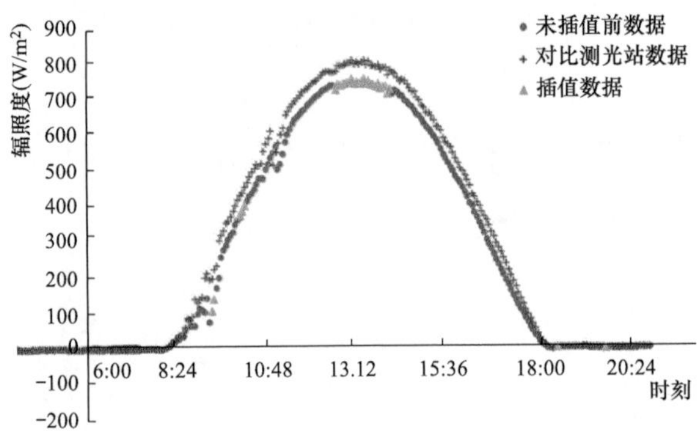

图 3-10　插值数据对比

第四章　光伏与风力发电系统大数据分析模型

第一节　太阳能与风能资源评估

随着全球煤电竞争力持续降低，气候环境压力不断增大，煤电退出进程加快，目前全球已有 30 余个国家先后出台退煤政策。改革开放以来，我国能源行业高速发展，有力支撑了经济社会发展。但也面临着资源环境约束趋紧、能源安全风险高、能源利用效率低等深层次矛盾与问题，严重制约经济、社会、环境协调可持续发展。贯彻落实新发展理念，需进一步加快能源变革转型。与此同时，风能、太阳能的开发利用实践以及技术的不断进步发展，促使风能、太阳能发电仍保持一定增速，风光发电有望主导未来电力系统。

能源转型的主要内涵可描述为三大重点：①温室气体的减排；②提高能源效率和节能、降低化石能源的消费总量；③大力发展可再生能源替代化石能源。

挪威船级社 DNVGL 发布能源转型报告（*Energy Transition Outlook：Renewables，Power and Energy Use*）称，预计 2050 年可再生能源将占全球电力比例达到 85%，其中太阳能光伏将占全球电力结构比例的1/3，其次是陆地风力发电、水电和海上风力发电。表 4-1 所示为中国“十四五”期间的电力发展规划展望。

表 4-1　　我国“十四五”电力发展规划展望

类别/区域	装机（亿 kW）	占比	发电量（亿 kWh）	占比
水电	3.92	13.3%	1.48	16.0%
风电	5.36	18.2%	1.02	11.0%
光伏	5.51	18.7%	0.85	9.2%
太阳能热发电	0.09	0.3%	0.03	0.3%

自 20 世纪 90 年代开始，全球多家能源公司、学术机构、公共组织对可再生

能源的未来发展趋势做过预测和研判。由于各家机构政治立场、诉求和采纳的基础数据各不相同，对未来社会的经济、人口、环境等维度的观点和假设差异颇大，预测数值也大相径庭。石油公司对可再生能源未来占比的预测数值通常较为保守，例如英国石油阿莫科公司（BP Amoco，简称 BP）曾预测 2035 年世界可再生能源占比为 15%，埃克森美孚曾预测 2040 年可再生能源占比为 15%，中国石油集团经济技术研究院在 2017 年曾预测 2050 年世界可再生能源占比达 23%。与石油公司形成鲜明对比的是，环保组织的预测较为乐观甚至激进，例如绿色和平组织（Green Peace）和世界自然基金会（WWF）对 2050 年世界可再生能源消费占比的预测数值分别为 82%和 100%（见表 4-2）。

表 4-2　　不同公司与机构对可再生能源未来占比的预测

预测分类	公司与机构	来源	预测年份	可再生能源占比
保守预测	BP	Energy Outlook 2035（2015）	2035	15%
	ExxonMobil	Outlook for Energy：A View to 2040（2015）	2040	15%
	CNPC ETRI①	Outlook for Energy：China and the World 2050（2017）	2050	23%
	EIA	International Energy Outlook 2011	2035	14%
温和预测	IEA	"Current Policies Scenario"，World Energy Outlook 2014	2040	23%
	IEA	"450 Scenario"，World Energy Outlook 2014	2040	31%
	IEA	Energy Technology Perspective 2015	2050	45%
	IPCC②	Special Report on Renewable Energy（2011）	2050	27%
激进预测	IIASA③	"The Efficiency Case"，Global Energy Assessment	2050	55%
	Green Peace	Energy Revolution（2012）	2050	82%
	WWF④	Ecofys Energy Scenario（2011）	2050	100%

① CNPC ETRI，CNPC Economics & Technology Research Institute，中国石油集团经济技术研究院；
② IPCC，Intergovernmental Panel on Climate Change，联合国政府间气候变化专门委员会；
③ IIASA，International Institute of Applied System Analysis，国际应用系统分析研究所；
④ WWF，World Wide Fund for Nature，世界自然基金会。

发电是最主要、规模最大、最能替代化石能源的用途，因此，可再生能源的利用途径主要为发电。预计 2017～2040 年，全球可再生能源发电装机容量年均增长将为 9.6%。从发展规模来看，水电、太阳能光伏发电和风力发电占绝对领先地位，由于大部分国家水能利用率较高，今后在水电装机容量方面难以出现大规模增长，光伏发电和风力发电大力推动了整个可再生能源产业的高速发展。自 2014 年开始，全球每年新能源新增发电装机容量均超过煤炭发电和天然

气发电新增容量之和。

除水电以外的各类型发电利用途径中，风力发电在整体发展规模和成本方面最具优势，也曾是多年来最被看好的利用方式。2017 年全球风力发电装机容量达到 539GW，我国占据领先地位，装机容量占全球的 34.9%，欧洲占 31.4%，美国占 16.5%。太阳能利用主要包括太阳能热利用和太阳能光伏发电两种技术。全球范围内光伏发电发展态势最为迅猛。截至 2017 年底，全球光伏发电装机容量达到 402W，其中我国占 32.6%，美国占 12.7%。欧洲曾经是太阳能光伏发电产业的主要舞台，自 2013 年以来中美两国的光伏发电产业技术和规模取得了显著的进步。

全球能源远景分析是一项复杂的系统工程，不仅技术种类多，通常包含数百种技术类型可供选择。其成本下降的趋势也难以准确判断，并且存在量变到质变的可能；而且受不同地区资源、负荷和电力等基础条件、能源政策和地缘政治的影响较大，存在较大的不确定性。这些都是远景分析需要考虑的复杂边界条件。因此，通过大数据应用，使用了全球范围的大量风能、太阳能资源、技术和成本数据，并针对不同部门、不同技术类型做了大量的简化假设。电力在全球终端能源总消费的比例将从 2015 年的 20%提高到 2050 年的 40%，届时一些地区的电力占比甚至达到 60%。如果将由电力生产的氢气也考虑在内，电气化比例的数值将更高。同时，电力结构中的可再生能源比例将从 2019 年的 26%升至 2050 年的 85%，其中高达 60%的部分来自风光等波动性能源。

第二节　功　率　预　测

光伏、风力发电等新能源发电具有随机性、间歇性的特点，高渗透率、大规模并网给电网运行带来影响。提高新能源发电功率预测精度有助于提高新能源发电的消纳水平，提高新能源并网的可观测性和可控制性程度。随着大数据技术的提出和快速发展，具有 4V 和 3E 特征的大数据在强调数据规模巨大的同时，还具有更深层次的含义，例如数据复杂多样化、数据时效性以及对数据分析、处理的快速化等，大数据的最终目的是要从复杂多变的数据中获得有效的信息。若充分利用和挖掘这些数据的潜在信息，将会使这些间歇性能源功率预测误差大的问题得以解决。

一、大数据技术在功率预测中的作用

随着风力发电、光伏数量的剧增，无论是电场/电站还是电网调度，在设计、生产运行、设备评估等环节，每时每刻都产生大量数据。而运行控制区域的增加、控制策略的细化、时间的增长、数据采集范围的扩大、数据采集点的增加等因素，产生的数据将是海量的。原有的功率预测技术难以满足大量数据的存储、处理等要求。基于大数据的预测和传统预测的对比见表 4-3。

表 4-3　　大数据的预测和传统预测的对比情况表

比较类别	大数据预测	传统预测
数据量	数据规模庞大	十分有限
数据来源	理论上一切相关数据均有效	电力企业生产数据
考虑变量	经济变化、气象因素变化等一切具有相关性变量	节日类型、气温等
算法	相关性分析，关联特征取	传统算法、智能算法
预测速度	数据处理量大，通过合理归并，可缩短时间	收敛速度差异大，运算时间长
预测精度	精度较高	与算法相关，存在较大不确定性，可能陷入局部最小值

从表 4-3 可以看出，大数据技术在功率预测中的应用将有效提高功率预测精度。一方面，根据功率预测结果合理的安排次日的发电计划，有利于减少系统的旋转备用容量，合理安排机组的维护和检修，降低电力系统的运行成本，提高系统运行的经济性，达到降低生产成本、优化资源的配置，为电网的安全经济运行、节省能源、减少设备的损失和浪费，为国民经济带来巨大的经济效益。另一方面，有利于调度运行人员事先掌握间歇性能源的功率输出情况，及时调整调度计划，同时对可能存在的影响系统安全稳定运行风险及时采取措施，避免功率波动造成重大事故的发生，以提高系统运行的经济性和可靠性，从而确保电网的安全经济运行。

二、风光功率预测技术研究

建设较高预测精度、功能较为完备的风力发电功率预测系统，是解决风力发电大规模并网运行问题的关键措施之一。风光功率预测一般以风力发电场/光伏电站的历史功率数据、地理信息和参数信息等为基础建立预测模型，利用气

象部门发布的数值天气预报数据和来自调度SCADA系统的实时运行数据，计算风力发电/光伏功率的短期和超短期功率预测结果，并生成对应的功率预测曲线。风光功率预测用数据统计情况见表4-4。

表4-4　　风光功率预测用数据统计表

对比项	风力发电	光伏
子站预测数据	每天中午12点前上报一次短期风力发电功率预测结果，每15min上报一次超短期风力发电功率预测结果	每天中午12点前上报一次短期光伏功率预测结果，每15min上报一次超短期光伏功率预测结果
测风塔/气象数据	各个风力发电场获取的测风塔数据：高度层为10、30、50m和轮毂高度处的风速、风向，以及地面温度、相对湿度、气压等5min平均数据	各个光伏电站获取的气象监测站数据：总辐射、直接辐射、散射辐射、组件温度、气温、相对湿度、气压、风速及风向等5min平均数据
运行状态数据	每台风机的有功、无功、机端电压、风速、风向以及风机状态数据的当前值	并网点高压侧有功功率、逆变器工作状态
实时上网功率	各风力发电场并网点的有功功率	各光伏电站并网点的有功功率
NWP采集数据	经度、纬度以及高度层分别为10、50、60、70、80、90、100m的风速、风向、温度、相对湿度、气压数据等气象要素预报值	水平面总辐射辐照度（W/m^2）、水平面太阳散射辐射辐照度（W/m^2）、垂直于太阳入射光的直接辐射辐照度（W/m^2）以及风速、风向、气温、相对湿度、气压等气象要素预报值

功率预测对输入数据的要求，以及各类数据对主站预测精度的影响如表4-5所示。

表4-5　　风力发电站功率预测对数据的依赖性

数据来源	数据项	对主站短期预测精度的影响	对主站超短期预测精度的影响
气象研究机构（互联网）	数值天气预报	有较大影响	有较大影响
EMS系统	并网点实时有功	无影响	有较大影响
部署在场站的功率预测系统	次日开机容量	若次日停机容量较大，则有较大影响	无影响
	风机实时数据	无影响	有较大影响
	测风塔实时数据	无影响	略有影响
	子站短期、超短期功率预测结果	无影响	无影响

按照上述条件可以简单地建设风光功率预测系统总体架构。

风光功率预测系统包括采集与处理层、预测层、考核分析层。采集与处理层核心实现功率预测系统所需要数据的采集和处理。采集与处理层主要包括子

站预测上报接收、测风塔/气象数据上报接收、运行状态数据上报接收、实时上网功率采集、数值天气预报（Numerical Weather Prediction，NWP）采集、数据处理等功能模块；预测层核心实现功率的预测。

预测层主要包括风力发电短期功率预测、风力发电超短期功率预测、光伏短期功率预测、光伏超短期功率预测等功能模块；考核分析层核心实现功率预测的误差评价、考核及统计分析。考核分析层主要包括子站功率预测上报考核、子站测风塔/气象数据上报考核、预测结果误差综合评价、统计分析等功能模块。按电监会二次系统安全防护方案，系统联接应满足横向隔离、纵向加密的要求。

功率预测系统位于Ⅱ区，监控系统位于Ⅰ区，气象服务器位于Ⅲ区。Ⅱ区和Ⅲ区之间采用网络隔离装置，Ⅰ区和Ⅱ区之间采用防火墙。风/光发电功率预测系统部署于主站端，系统接收风力发电场功率预测子系统、光伏电站功率预测子系统上送的测风塔/气象站等相关数据，对风力发电场/光伏电站进行短期、超短期功率预测，从而为调度管理机构提供所需要的风力发电场/光伏电站预测结果。功率预测系统接收了并网功率数据、气象子站数据、数值天气预报数据、向主站上送预测结果数据。工程现场通信网络结构复杂、通信节点多、互相之间的通信协议差异，再加上管理的问题，会发生数据流中断的现象，导致预测系统不能正常工作。通信协议有：①与监控系统之间通过 104 协议通信；②气象子站一般以 Modbus 通信，多需要经过协议转换接入；③数值天气预报根据供应商情况采用网络传输；④向主站上送协议根据各省区要求不同通信协议也有差异。风光功率预测系统总体逻辑架构图如图 4-1 所示。

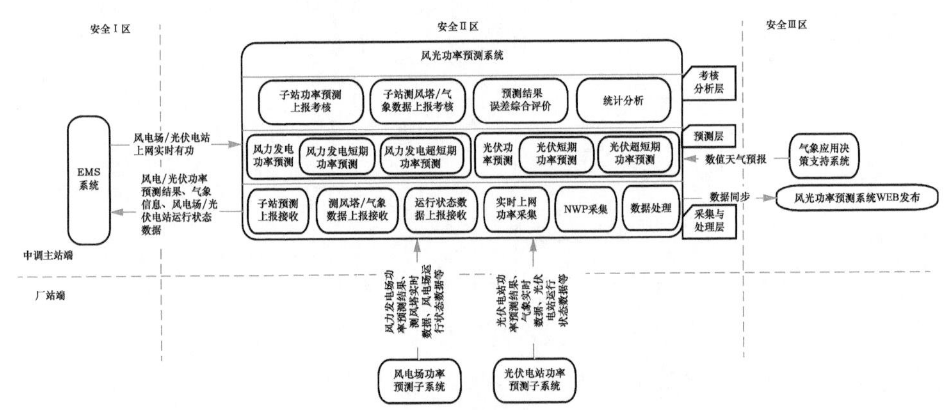

图 4-1　风光功率预测系统总体逻辑架构图

三、预测系统影响因素

预测系统影响因素见表 4-6。

表 4-6　　预测系统影响因素表

影响因素（问题）	原因分析
预测结果上送异常	网络中断，协议差异，通信异常
数值天气预报数据下载异常	网络中断
气象子站数据采集异常	系数错误，硬件错误，安装错误
并网功率采集异常	系数错误，通信中断
场站管理因素	限电、检修、分期建设并网

（1）预测结果上送异常。原因包括由场站通信网络不稳定导致的通信中断，由各省区通信协议差异开发调整带来的程序异常。直接影响到预测系统的考核指标，包括上送率和准确率等。

（2）数值天气预报数据下载异常。数值天气预报服务器直接与外网相连，外部网络状况有直接影响，一旦发生通信中断，就将影响到数值天气预报获取。同时，数值天气预报供应商的数据准确性及服务稳定性，也是重要的影响因素。

（3）气象子站数据采集异常。本地气象观测仪器的安装和调整问题，如需要稳固的基础、合适的角度、避开遮挡阴影等。网络通信连接及协议转换问题，送出数据的系数转换配置错误，气象仪器硬件故障等，都会导致气象观测数据异常。

（4）并网功率采集异常。不同安全分区之间数据的传递异常，导致网络通信和数据采集的稳定性、可靠性对此有影响。

（5）场站管理因素。场站发电出力接受调度调节，通过自动发电控制（Automatic Generation Control，AGC）指令限电，部分地区频繁限电，并网有功功率低于正常发电能力；部分场站由于规划安排分期建设并网，新增容量并网后，并网有功随之有较大变化；此外由于检修停运等影响，实际运行容量与装机容量不同，也导致预测数据与实际发电有较大误差。

上述问题涉及新能源场站的建设方、用户、运维人员、预测系统供应商等，改进和解决工作依赖于各方协调沟通和通力合作。做好以下工作有利于解决问题。

（1）合理的通信网络规划布置和科学的建设施工，如把运行人员使用的外网路由器与数值天气预报使用的外网路由器分开布置，施工作业范围避开对外网络通道等。调试完成时，对数据流的正确性对比验证，确保数据连接正常并且数据采集准确无误。

(2) 在场站扩容时，用户填写修改装机容量值；在并网后如果有运维人员检修作业，就由用户提前填写录入检修计划等。

(3) 预测系统提供各种数据流异常的报警，用户在发现报警信息后及时排查确认问题，在预测系统供应商的支持下快速恢复服务等。

功率预测系统对于数据有很强的依赖性，需要数据正确完整。可以通过识别干扰数据进行历史数据分析处理，通过合理采集运维和检修数据保证数据的完整性。

第三节　光伏与风力发电系统可靠性评估

大电网运行控制技术是能源互联网的重要支撑技术，是保障电网安全运行的关键。大规模可再生能源接入电网时，能源的间歇性、不可控性在大电网区域进一步放大，对电网安全运行构成极大威胁。因此，基于云平台的广域协调控制，必须依托大电网运行控制技术，全面掌握电网运行状态，通过实时分析、智能调度、安全预警、主动安全防御等，提升电网安全稳定运行水平。随着能源互联网规模的扩大，电网数据呈几何倍数增长，大电网运行控制技术必将与大数据技术密切相关，基于大数据的大电网运行技术将成为能源互联网领域的研究热点。随着能源互联网的高速发展，电网信息量猛增，如何将大数据技术更好地应用于电网管理和运行，不仅是可再生能源大规模接入电网的重要保障，同时对全球能源互联网也有着重要的现实意义。

电力系统可靠性包括两方面的内容：即充裕度和安全性。充裕度是指电力系统有足够的发电容量和足够的输电容量，在任何时候都能满足用户的峰荷要求，表征了电网的稳态性能，安全性是指电力系统在事故状态下的安全性和避免连锁反应而不会引起失控和大面积停电的能力，表征了电力系统的动态性能。提高电力系统可靠性，旨在经济地向用户提供不间断、优质的电能，可再生能源独特运行特性和大规模应用为这个传统领域带来了新的挑战。风力虽然在一年四季有着明显的变化趋势，但在小的时间尺度上的变化却难以准确预测和预报；光伏在白天有限的存在有效辐照时间段内，虽然也显示出随太阳高度角的

有规律变化，但逐时变化也仍然存在很大的随机性。而且这些依赖于自然资源作为输入的发电方式功率产出也极大地依赖于安装所在地具有的资源条件。尽管有这些困难，但是通过对含有大规模可再生能源的系统进行可靠性评估，可以衡量可再生能源发电的容量价值，对于它满足系统能量需求的能力做出客观评价；评估结果还可以作为规划部门的参考依据或优化时的输入数据，指导实施不同期限的可再生能源发展规划；评估结果也有可能作为新的评价准则，限定加入可再生能源后的电网必须保证的可靠性水平。因此研究可再生能源的系统可靠性问题很有必要。

电力系统可靠性是对电力系统按可接受的质量标准和所需数量不间断地向电力系统供应电力和电能能力的度量。根据研究目标的不同，可靠性可以分为充裕度和安全性两个方面的内容。充裕度又称为静态可靠性，它所关心的问题是系统是否有足够的能力可以产生满足负荷需求的电量，以及输配电系统是否可以将优质电能连续地供应给负荷点，评估的时候只需要考虑静态条件。安全性考虑的是系统对于故障扰动的耐受能力，在这一角度，分析还可以进一步划分为暂态稳定性和静态稳定性两部分。暂态稳定性考虑大的干扰后各同步机保持稳定运行方式的能力，静态稳定性考虑小的干扰后，不会发生周期性失步自动恢复到起始运行状态的能力。

可再生能源发电技术异于传统发电技术的运行特性为它们的并网运行后的系统可靠性带来很大挑战，进而影响到许多以可靠性评估为基础的科学问题。因此很有必要对与之相关的可靠性问题进行研究。根据该问题目前的国内外研究现状，在可再生能源发电系统可靠性建模及可靠性评估方法及理论方面展开研究，重点对含多种可再生能源的混合发电系统的协调运行、基于直流输送可再生能源电能的发输电系统可靠性评估以及基于多状态复杂系统可靠性建模理论的可再生能源发电可靠性建模等方面进行研究与探讨。

由于风力发电和太阳能光伏发电都具有间歇性和随机性的特点，而且目前对于这些自然资源的预测水平都还难以达到理想的精度，因而基本也不可能对它们实施调度，这样的可再生能源大规模并网后会给电力系统的安全稳定运行带来很大负面影响。为评估其对电力系统的可靠性的影响，必须深入研究作为源动力的风能与太阳能的特性，并根据研究目的和拟采取的技术手段对这两种可再生能源发电方式从能源变换过程进行可靠性建模。

目前进行可靠性评估的主要方法有解析法和蒙特卡洛法两种。在进行发电充裕度评估时，解析法通常是通过建立所有机组的容量停运概率表，或者也可以称为发电容量的离散概率分布，之后再与负荷的离散概率分布进行卷积运算，从而得到可靠性指标；在采用蒙特卡洛法进行评估时，如果采用的是序贯蒙特卡洛仿真，那么此时用到的可再生能源发电模型就需要考虑它的时序相依特性，按此要求建立起的模型应该能够考虑到待考察地区的季节、月份和日典型变化特性；如果采用的是非序贯蒙特卡洛仿真，那么其既可以从之前建立起的离散概率分布表进行抽样，也可以从研究对象资源的连续概率分布函数进行抽样。系统通常是由若干元素为实现某一特定功能组合而成的有机整体，组成系统的元素间存在相互作用与相互依赖关系，而系统本身有时又可能是它所从属的更大系统的组成部分。风力发电技术和太阳能光伏发电技术就是这样同时具有独立性和系统性的能源变换系统。

一、发电充裕度

作为电力系统能量来源的重要提供方，发电系统不可靠是导致整个电力系统不可靠的主要原因。在对发电系统进行可靠性分析时，通常都假定电力系统的其余部分是完全可靠的，也就是说机组发出的电能可以没有任何损耗地到达负荷需求点，因此在任何条件下，衡量系统是正常还是故障的唯一判据，就是发出的电力是否能够满足负荷的需要。根据这样的准则，将系统的发电容量模型与负荷模型组合在一起就可以产生许多的风险度指标。这些风险度指标可以在一定程度上反映不同的发电设备组合或容量对可靠性的改善或影响程度，因而可以为在不同的方案间进行比较提供统一标准。因此，发电系统充裕度评估，无论是对系统的规划设计或生产运行都是十分重要的问题。

二、风力发电场发电充裕度评估

采用自回归滑动平均（Autoregressive and Moving Average，ARMA）模型进行风速建模，可以比较实际地体现风能的时变特性和统计特性，但是在缺乏长期有效的风速历史数据的情况下，很难准确确定 ARMA 模型的阶数以及自回归和滑动平均系数，故而也难以产生带有预测性质的风速时序序列。在采用解析法进行可靠性计算时，由于不考虑风速时序特性，也可以采用威布尔分布或

瑞利分布来对风速进行建模，它们可以比较近似地拟合风速的概率分布。瑞利分布可视为威布尔分布的一个特例，适于模拟风速较低的情况。但与 ARMA 模型一样，它们具有极强的地域依赖性，也需要大量实测数据来确定模型中的形状参数和尺度参数等值，不同地理位置的风速模型差别会很大。此处采用一种通用近似模型。该模型是通过提取具备风速长期历史记录的多个地点的统计特性建立起来的，因此它的最大优势就是具备通用性，可用作处于任意地理位置风场的风速模型。使用时仅需要知道风场所在地风速均值 μ 与标准差 δ。具体模型建立过程如下：首先取具有风速长期有效历史记录的 3 个不同地点，将其分别记为 A 地、B 地和 C 地。其中，B 地处于内陆，而 A 地和 C 地则处于近海位置。根据 3 地 20 年的风速数据，按式（4-1）形成风速序列，即

$$y_t = (v_t - \mu_t)/\delta_t \tag{4-1}$$

式中：v_t 为 t 时刻风速；μ_t 为该时刻的风速均值；δ_t 为该时刻风速的标准差。

建立起的关于 y_t 的 ARMA（3，2）模型分别如式（4-2）～式（4-4）所示，即

$$\begin{aligned} & y_t = 2.2478y_{t-1} - 1.613y_{t-2} + 0.356y_{t-3} + \alpha_t - 1.3954\alpha_{t-1} + 0.4811\alpha_{t-2} \\ & \alpha_t \in NID(0, 0.3668^2) \end{aligned} \tag{4-2}$$

$$\begin{aligned} & y_t = 0.7548y_{t-1} + 0.2105y_{t-2} - 0.0415y_{t-3} + \alpha_t - 0.0079\alpha_{t-1} - 0.1266\alpha_{t-2} \\ & \alpha_t \in NID(0, 0.4338^2) \end{aligned} \tag{4-3}$$

$$\begin{aligned} & y_t = 1.0487y_{t-1} + 0.1085y_{t-2} - 0.1938y_{t-3} + \alpha_t - 0.1938\alpha_{t-1} - 0.226\alpha_{t-2} \\ & \alpha_t \in NID(0, 0.3692^2) \end{aligned} \tag{4-4}$$

式中：NID 表示正态独立分布。

按式（4-2）～式（4-4）分别对三地风速进行大量仿真，产生任意时间长度内的每小时风速数据，这里仍然取 20 年，并按此计算风速概率分布。当将每个地点的风速概率分布以其均值与标准差形式展示时，就得到图 4-2 所示的统一风速模型。

与该模型对应的数据以及以该模型为基础建立起的我国某地风力发电场风速模型（25.94km/h 和 10.08km/h）如表 4-7 所示。

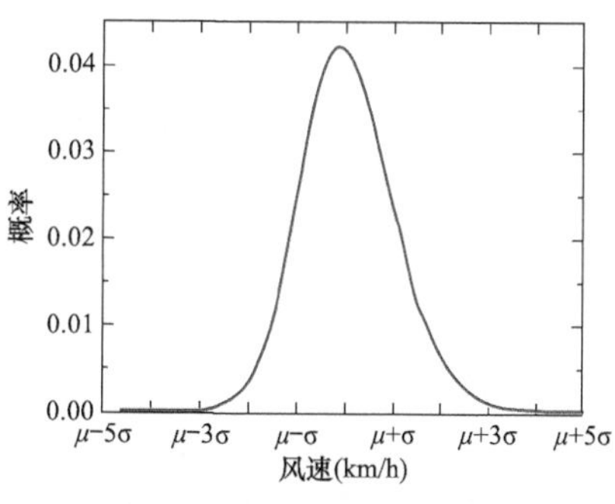

图 4-2　通用风速模型

表 4-7　　　　　　　　风　速　模　型

风速通用表达形式	概率	实际风速/(km/h)
$\mu-3.8\sigma$	0.000 03	0
…	…	…
$\mu-0.2\sigma$	0.041 95	23.924
$\mu-0.1\sigma$	0.041 75	24.932
μ	0.041 30	25.940
$\mu+0.1\sigma$	0.041 04	26.948
$\mu+0.2\sigma$	0.038 93	27.956
…	…	…
$\mu+4.7\sigma$	0.000 03	73.316

根据现有风速模型和输出功率模型，即可得到表 4-8 所示单台机组容量模型。

表 4-8　　　　　　　　机 组 容 量 模 型

功率输出（MW）	概率
0	0.101 22
…	…
0.221 82	0.041 95
0.263 14	0.041 75
0.307 87	0.041 30
0.356 01	0.041 04
0.407 57	0.038 93
…	…
2	0.018 36

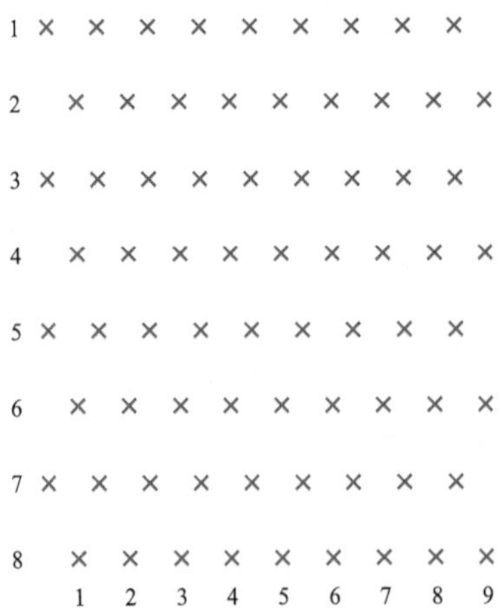

```
1 ×  ×  ×  ×  ×  ×  ×  ×  ×
2   ×  ×  ×  ×  ×  ×  ×  ×  ×
3 ×  ×  ×  ×  ×  ×  ×  ×  ×
4   ×  ×  ×  ×  ×  ×  ×  ×  ×
5 ×  ×  ×  ×  ×  ×  ×  ×  ×
6   ×  ×  ×  ×  ×  ×  ×  ×  ×
7 ×  ×  ×  ×  ×  ×  ×  ×  ×
8   ×  ×  ×  ×  ×  ×  ×  ×  ×
    1  2  3  4  5  6  7  8  9
```

图 4-3　风场布局

通过在 IEEE-RTS 可靠性测试系统中增加风力发电场，并应用上述模型进行发电充裕度可信度评估。测试系统包含 32 台不同类型的传统发电机组，总装机容量为 3405MW，峰值负荷为 2850MW。所采用的风场布局如图 4-3 所示。与主导风向相垂直的横排布置了 9 台风机，这样的结构沿主导风向共布置了 8 组。偶数排风机与奇数排风机有 15°的角位移，这样可以将主导风向的尾流效应影响降低一些。单台风机容量为 2MW，风力发电场总装机容量为

144MW。风场按照 $5D\times8D$ 的原则对风机进行排布，D 为风机叶片直径。风场所在地盛行风向为南，其次分别是南东南和西，统计概率分别为 55%、35%和 10%。

表 4-9 列出不同风向时风场的容量模型。由表 4-9 中数据可知，按图 4-3 所示对风场风机进行排布时，在主导风向上由于相邻两排之间存在角位移，使下风向风机超出了上风向风机尾流影响的范围，所以它们之间不存在尾流影响，而彼此间隔一行的风机虽然出现了完全遮挡的情况，但由于行与行之间间隔较远，所以尾流损失也不明显。因此总体来说在主导风向上尾流损失还是比较小的；次主导风向上，相邻两排风机之间存在部分遮挡，造成一定的功率损失，但影响也还相对较小；在次次风向上，由于风机之间相对较小的间距以及多重尾流的影响，使得风场总的功率输出有很大幅度的缩减。

表 4-9　　不同风向下风力发电场容量模型

不同风向风场输出功率（MW）			概率
南	南东南	西	
13.166 6	10.930 8	5.065 44	0.041 59
15.762 9	13.214 0	6.437 10	0.041 75
18.584 0	15.704 3	7.962 12	0.041 30

在考虑风向统计特性基础上，对风场状态化简，得到的不同状态数的风力发电场容量模型如表 4-10 所示。为考察不同穿透率水平下的发电可靠性指标，在 MATLAB 中编制相应程序，研究了在 IEEE-RTS 测试系统分别接入总容量各不相同的风力发电场以及采用不同状态数风力发电场模型所得到的结果。并将以电力不足时间期望值（loss of load expectation，LOLE）作为可靠性指标进行计算。

表 4-10　　多状态风力发电场容量模型

3 状态		4 状态	
输出功率	概率	输出功率	概率
0	0.500 722	0	0.328 232
50%	0.411 914	10%	0.321 894
100%	0.087 269	30%	0.273 888
—	—	100%	0.075 892

续表

5 状态		6 状态	
输出功率	概率	输出功率	概率
0	0.328 232	0	0.245 290
10%	0.321 894	5%	0.201 982
30%	0.196 900	13%	0.195 513
50%	0.107 782	25%	0.153 041
100%	0.045 097	40%	0.146 011
—	—	100%	0.058 067

图 4-4 所示为在原 IEEE-RTS 系统中新增不同容量风力发电场和常规发电机组时得到的可靠性指标。其中常规发电机组为燃煤机组，单机容量为 144MW，强迫停运率（Forced Outage Rate，FOR）为 0.04；风力发电场考虑的是单风场的情况。于是由图 4-4 可知，虽然新增风力发电场可以改善系统可靠性指标，但在风场布局状态不佳的情况下，与常规机组相比，其对可靠性的贡献是很有限的。而且在风况不佳的情况下，随穿透率水平的增加，风力发电对可靠性的贡献出现近乎饱和的情况。

图 4-5 所示为考虑尾流影响与不计其影响得到的可靠性指标。不考虑尾流影响的风力发电场发电模型直接采用表 4-6 所示的 34 状态单机容量模型乘以机组数得到；而考虑尾流影响的风场容量模型则由对表 4-7 所示数据进行统计分析化简得到，2 个模型最终都采用同样的状态数。由图 4-5 所示结果可知，尾流效应对于可靠性的影响是不容忽略的，尤其是在风力发电穿透率水平较高的情况下。

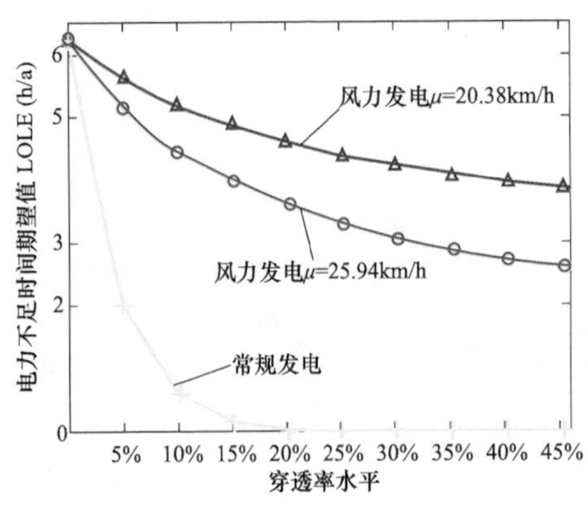

图 4-4 新增不同容量风场时的可靠性指标

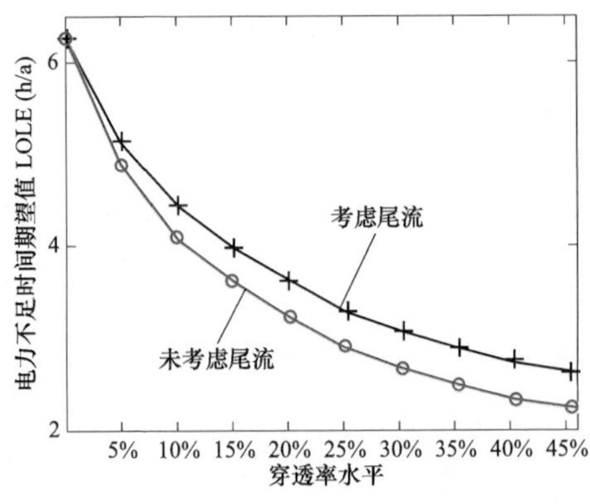

图 4-5 不同穿透率水平下的尾流影响

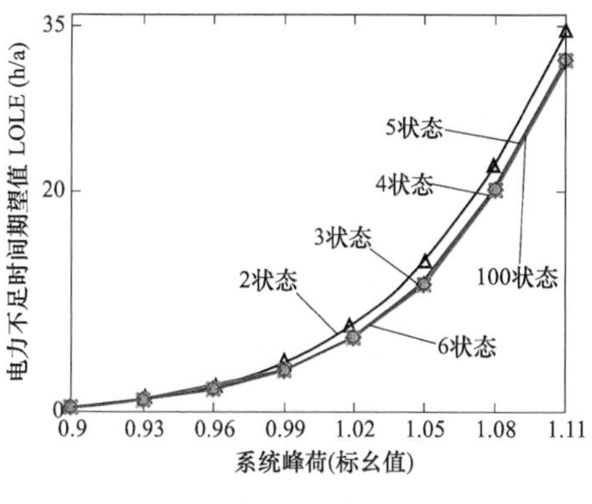

图 4-6　穿透率约为 10%时的可靠性指标

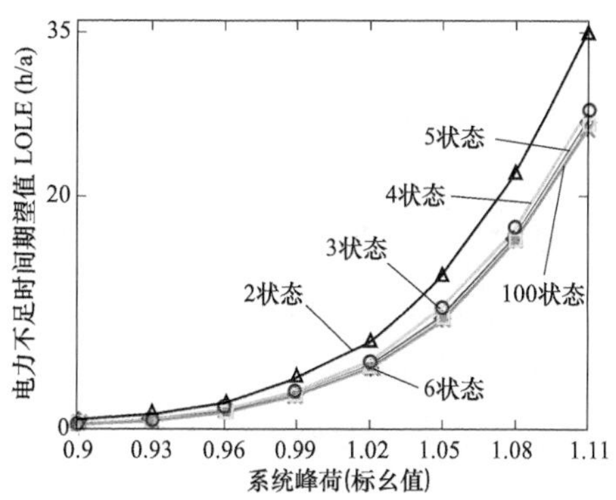

图 4-7　穿透率约为 20%时的可靠性指标

在用解析法或者状态采样法进行发电充裕度评估时，风场采用的模型状态数是与计算时间成正比的。较多的状态数虽然可以获得较为精确的可靠性指标，但却是以牺牲计算时间为代价，因此需要寻找一个合适的状态数，在精确度与计算性能之间达到平衡。常规机组可用两状态模型来表示，而风力发电机组由于风速的波动范围较大，输出功率变化范围也比较广，因此用只有两个输出状态的模型来表示是不合适的。这一点由图 4-6～图 4-8 的结果可以得到验证，同更多状态模型的计算结果相比，两状态的模型会对风力发电场的系统可靠性贡献做出偏低的评价。由图 4-5～图 4-8 的可靠性结果还可以看出，选用的状态模型计算结果准确度是和穿透率水平紧密联系的。风力发电的穿透率水平低于 10%时，选用 3 状态的模型即可得到与状态数较多的模型相近的计算结果；而当风力发电的穿透率水平为 10%～30%时，则需要选用 4 状态的模型才能得到比较理想的结果。

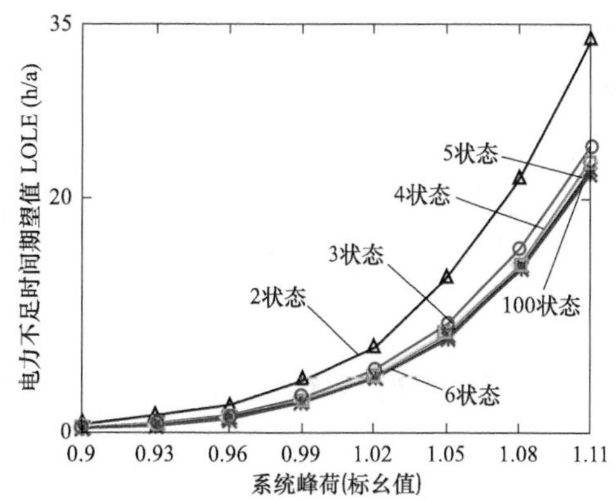

图 4-8　穿透率约为 30%时的可靠性指标

通过如下几种方案考察尾流、风力发电穿透率水平、风能资源充裕程度和多风场情况下风场布局等因素对容量可信度的影响：

(1) 考虑尾流影响，并假定无论穿透率水平有多高，所有风场都受同一风况影响控制。

（2）不考虑尾流影响，所有风场受同一风况影响。

（3）考虑尾流影响，但风场间风况相互独立（风速均值 25.94km/h）。

（4）考虑尾流影响，风场间风况相互独立，但考虑不同位置风场受不同风况的影响，分别是 25.94km/h 和 20.38km/h。

不同情况下容量可信度见图 4-9。由图 4-9 所示结果可知：

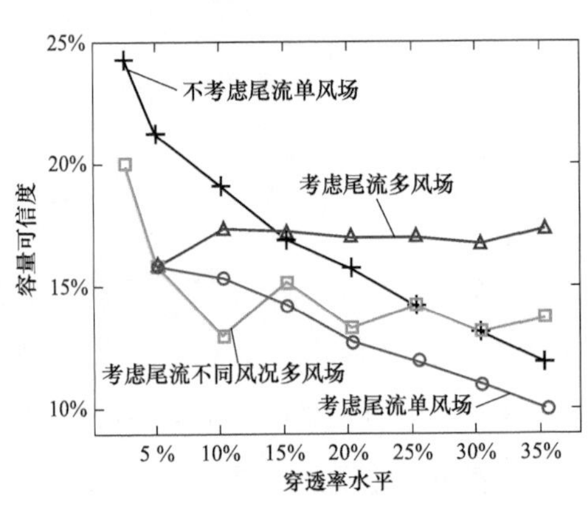

图 4-9　不同情况下容量可信度

（1）当所有风场受同一风况控制和影响时，无论是否考虑尾流，其容量可信度都随穿透率水平的增加而减少。当穿透率高于 10%时，这个减少趋势会放缓。

（2）当风场间的风况相互独立时，会产生很强的互补效应，可以使风场获得较为稳定的容量可信度，极大的增加了风力发电场发电可靠性效益。

（3）风场内风机排布不佳时尾流会对容量可信度产生很大的影响。

三、光伏充裕度评估

光伏充裕度评估基于序贯蒙特卡洛方法实现，在一个专门的可靠性测试系统 RBTS 中，并在 MATLAB 中编制程序，对加入光伏后的系统可靠性进行评估。RBTS 包含 11 台传统发电机组，总装机容量 240MW，系统峰荷 185MW。光伏电站采用的光伏组件在标准测试条件下最大功率输出为 280W，转换效率为 14.4%，功率温度系数为−0.44%/C，电池组件面积约为 $22m^2$。所考察光伏电站分别处于我国太阳能资源比较丰富的Ⅰ类和Ⅱ类地区，其每年月平均晴空指数分别为 0.496 与 0.431。图 4-10 给出仿真所得光伏安装地在夏季（6 月）连续 5 天太阳辐照度的典型变动趋势，此处使用的主要可靠性指标有缺电时间期望 LOLE、缺电频率 LOLF。

图 4-10 所示为在原始 RBTS 系统加入不同容量光伏系统、系统年峰值负荷在原基础上增加 2%后得到的 LOLF 指标。从图 4-10 可以看出，无论是太阳能资源较好的Ⅰ类地区，还是次之的Ⅱ类地区，光伏的加入都不会带来 LOLF 指

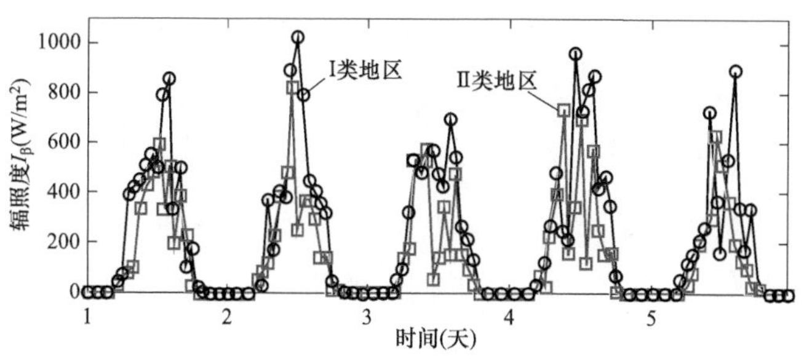

图 4-10　辐照度变化（夏季）

标的显著改善，即使在光伏的穿透率水平（此处定义为光伏装机容量和系统峰荷的比值）近似达到 40%的情况下。出现这种情况的原因主要在于测试系统所采用的负荷持续曲线与光伏的运行特性不匹配。算例采用的负荷持续曲线会在一天中的 17～22 时再次出现用电高峰，而此时光伏已基本无功率输出，因而光伏容量的增加对于此时刻出现的停电事件没有任何帮助。为验证此结论，对原负荷曲线做出修正，即将全年 17～22 时的负荷减少 10%，系统峰荷则在原基础上增加 5%，做出上述修正后再执行仿真计算，由图 4-12 给出可靠性评估结果。从图 4-12 中可以看出，修正负荷曲线后的运行场景与图 4-11 所示场景在未加入光伏时有着相近的 LOLF 指标。然而，随着光伏容量的增大，图 4-12 中 LOLF 指标有了显著的改善，尤其是在太阳能资源比较充足的Ⅰ类地区。而Ⅱ类地区对系统可靠性的贡献虽然比图 4-11 所示的结果要好一些，但是效果仍然不是很理想。这种结果证明，当负荷变动特征与光伏运行特性一致后，可对光伏改善系统充裕度的能力有很大提升。表 4-11 列出与图 4-11 和图 4-12 所示两种运行场景相对

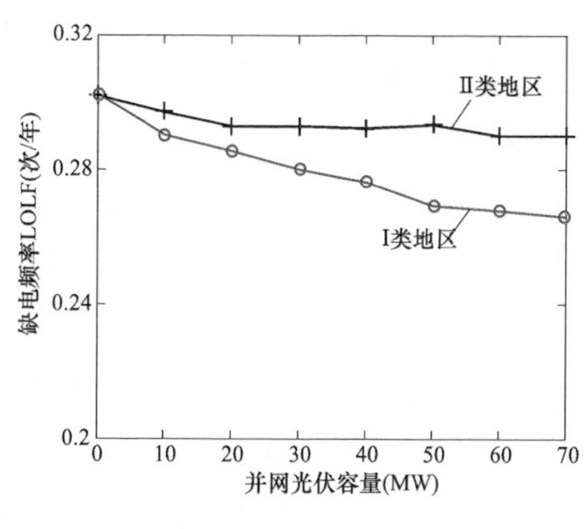

图 4-11　光伏容量对 LOLF 的影响

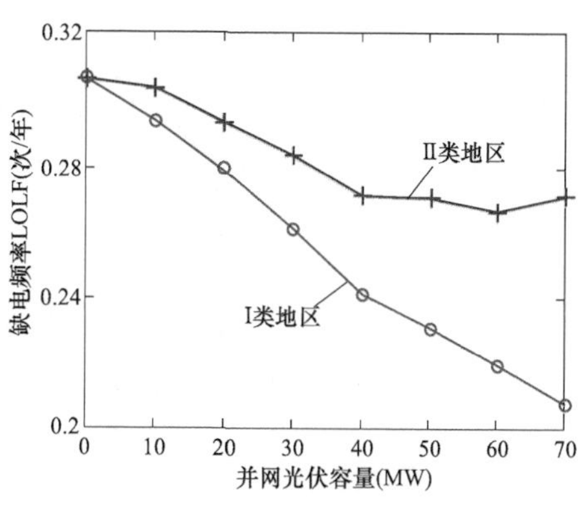

图 4-12　修正负荷曲线后得到的 LOLF

应的 LOLE 指标的变化情况。由表 4-11 结果可知，就 LOLE 指标而言，随光伏容量的增加，两种场景下都会给系统带来一定的可靠性收益，但显然也是在负荷曲线进行修正后会有更显著的可靠性改进。而且对于太阳能资源不够充裕的Ⅱ类地区，加入光伏后的可靠性收益总是很快进入饱和状态，这是由其间歇运行特性和整体偏低的辐照强度水平共同决定的。

表 4-11　　可靠性评估结果

光伏容量	Ⅰ类地区 LOLE（h/a）		Ⅱ类地区 LOLE（h/a）	
	图 4-11 场景	图 4-12 场景	图 4-11 场景	图 4-12 场景
原 RBTS	1.551	1.582	1.551	1.582
10MW	1.122	1.188	1.139	1.197
20MW	0.965	0.849	1.094	0.913
30MW	0.818	0.659	0.860	0.803
40MW	0.755	0.530	0.859	0.624
50MW	0.704	0.458	0.815	0.594
60MW	0.680	0.429	0.810	0.557
70MW	0.659	0.360	0.802	0.536

图 4-13 和图 4-14 所示为采用原始 RBTS 系统参数、基于不同可靠性指标得到的 50MW 并网光伏系统的载荷能力。算例采用的传统机组平均无故障工作时间为 2190h，平均维修时间为 45h。由图 4-13 可知，在原 RBTS 中加入具有Ⅰ类地区辐照强度的 50MW 光伏，其载荷能力基本与加入一个 8.5MW 的传统机组相当，可以多承担的峰荷约为 9.25MW；而加入Ⅱ类地区光伏则与加入一个 6.5MW 的传统机组相当，其可以承载的峰荷值增加 6.84MW。而由图 4-14 得到的结果与图 4-13 有很大不同：对于Ⅰ类地区的 50MW 光伏，在基于 LOLF 指标获得的结果中，其承载峰荷的能力只与一个 1.5MW 传统机组相当；而对于Ⅱ类地区的 50MW 光伏，其 PLCC 几乎没有任何改进与提高，仍与原始系统相当。用两种可靠性指标得到差异如此大的结果，其原因在于指标所代表的意义的差别。LOLF 指标考察的是系统在一段时间内供电不足事件发生的次数，LOLE 指标考察的则是系统在一段时间内发生的供电不足事件的持续时间。由前文的分析已经得知，由于光伏在进入夜间后已经完全没有功率输出，因此对于夜间有可能发生的缺电力事件没有任何补益，同时由于其供电的间歇性，因而很难带来 LOLF 的显著提高，但新加入的发电容量总是可以不同程度地缓解系统缺电情况，增加系统裕度，从而从总体上减少系统停电的持续时间。光伏有别于风

能及传统可再生能源的发电特性，导致在对其进行发电可靠性评估时，如果选用的负荷曲线变化特征与它的运行特性不匹配的情况下，会对它的可靠性收益结果产生很大影响，从而对它为系统的贡献做出偏离实际的评价。与风能一样，作为一种间歇性的可再生能源发电技术，在以可靠性指标 LOLF 和 LOLE 作为评估光伏峰荷承载能力的准则时，得到的结果差距非常明显。

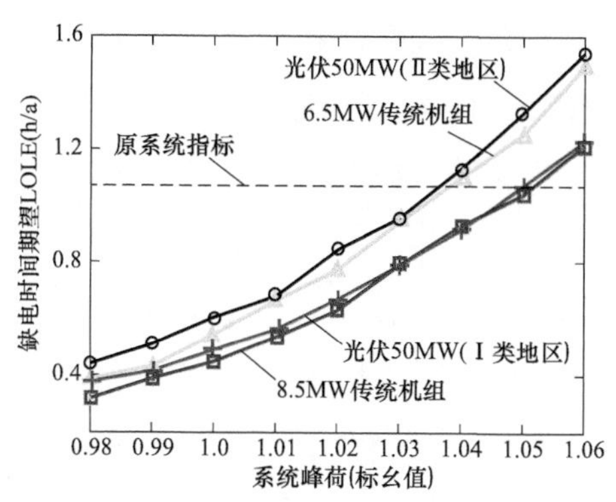

图 4-13　基于 LOLE 指标的峰荷承载能力对比

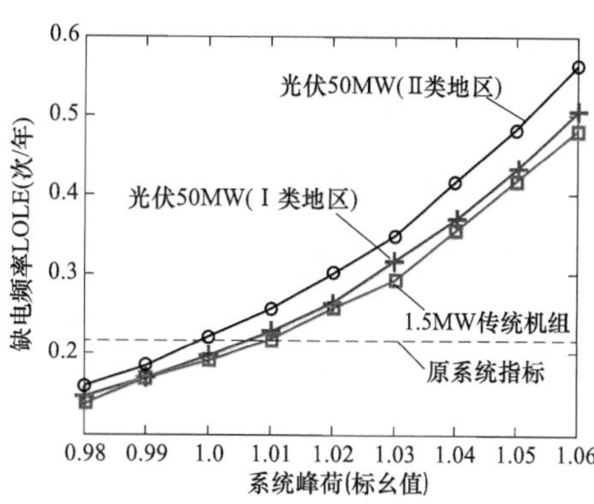

图 4-14　基于 LOLF 指标的峰荷承载能力对比

第四节　区域电网可再生能源消纳能力评估

我国风力发电和光伏的总装机规模和新增装机容量均位居世界前列。但由于缺乏对地区系统定量、客观、全面的分析和评估，造成弃风、弃光现象严重。对可再生能源的消纳能力作定量评估，是电网规划可再生能源装机和上网电量的重要依据，也为系统合理、科学、高效运行提供了指导。根据 REN21《全球可再生能源现状报告 2017》（*Renewables* 2017 *Global Status Report*），截至 2015 年，可再生能源约占 19.3%全球的最终能源消耗量，2016 年产能和产量继续增长。根据国家能源局的统计，中国在 2017 年，可再生能源发电量 1.7 万亿 kWh，可再生能源发电量占全部发电量的 26.4%，其中，水电 11945 亿 kWh，风力发电 3057 亿 kWh，光伏发电 1182 亿 kWh，生物质发电 794 亿 kWh。但是，中国的可再生能源消纳仍然存在比较严重的弃水、弃风、弃光的现象。造成中国可再生能源消纳问题的原因有很多，一是资源分布矛盾，中国可再生能源富集地区集中在电力负荷相对较低的“三北”地区，近些年装机容量远远超出了区域内消纳能力；另一方面，则是资源输送矛盾，近些年可再生能源发展速度超过了跨区输电通道的建设速度，从而导致有电送不出的“窝电”现象。从深层次上看，弃水、弃风、弃光问题反映了现行电力发展和运行与可再生能源的发展在机制上存在深层次矛盾。

现有的评价消纳能力的指标多为弃风（光）率、上网电量、可再生能源发电量的占比等。这些指标从各个角度衡量消纳能力，但没有对能力的“强弱”作直观、定量和直接的表述。另一方面，研究系统消纳能力的方法和体系涉及系统网架结构、负荷特性、出力特性、经济效益和系统安全可靠运行等诸多方面，不少文献的评估方法多为借助优化算法和软件求解冗杂的非线性混合优化模型，计算繁琐，不利于工程应用和快速评估系统乃至某一节点对可再生能源的消纳能力。总结现有文献，主要有以下几种评估方式：

（1）建立起年度时序生产的模拟仿真模型，以新能源限电率为评估指标，着重评估了新能源接入电网后的低碳效益，但没有提出评估可再生能源消纳能力的具体指标。

（2）提出了一种考虑调峰时段限制风力发电出力的消纳能力计算方法，计算没有涉及具体的网架结构参数，对消纳能力的评估沿用传统的上网电量比例、发电量和利用小时数等等。

（3）建立其高占比可再生能源电力系统的调度优化模型，指出了火电机组调峰能力不足对可再生能源消纳带来的制约和影响，对消纳能力的考量集中在弃风率计算上。

（4）采用改进的遗传算法求解多目标优化问题，侧重于指导优化运行。

（5）提出一种三阶段的消纳研究方法，同样存在操作繁琐的问题，也回避了对消纳能力直接作定量评估。由此可见，评估可再生能源消纳能力的方法和指标普遍呈现出单一性和不易于操作的特点。

事实上，就提升消纳能力的概念而言，评估指标本身也是改进措施的一种反映。对于指标计算结果较差的系统、节点（消纳能力弱），要采取措施提升其对可再生能源的消纳量。例如加装联络线、加增机组备用容量、更换大功率的传输线等。增强系统对可再生能源的消纳能力，还包括增强调峰能力、系统运行时的优化调度、蓄能储能技术、电价调整和政策调整等手段。指标计算结果反映的一些方面，给构建基于指标的评估体系以启发。可再生能源的消纳能力与系统的经济性、安全性和固有特性密切相关，评估要求客观、系统、精确和

易于操作。在此基础上，本节提出一种定量、直接评估系统消纳能力强弱的指标：待消纳占比。待消纳占比是系统理论最优的消纳电量与实际消纳电量的比，用以衡量系统中已消纳的可再生能源接近理论最优的程度，将其作为对消纳能力强弱的一种反映。综合考虑系统经济性、安全性和固有特性因素，构建基于此的消纳能力评估和分析方法。经过计算推导，得到直观的显式表达式。计算指标时考虑这三方面，得到结果后评估这三方面。结合算例，说明用该指标体系评估系统消纳能力符合上述要求，可用于工程实际和电网规划。

一、高占比可再生能源系统消纳优化模型

计算高占比可再生能源系统中机组发出的与系统相适应的最优功率，应当计及系统经济性、安全性和固有特性方面。经济性方面，包括各类机组的出力耗量成本和对应的电价水平。安全性方面，考虑机组、线路、设备允许发出和通过的最大功率，保证功率不越限、电压波动在允许范围内。固有特性方面，计及地区网架的具体结构、连接方式、线路阻抗和负荷水平。考虑一个高占比可再生能源消纳系统，优化目标包括：

（1）系统的总耗量成本，由传统机组和可再生能源机组两部分组成，即

$$C=\sum_{i=1}^{N_1}(a_iP_i^2+b_iP_i+c_i)+\sum_{i=1}^{N_2}\lambda_iP_i \tag{4-5}$$

式中：$a_iP_i^2+b_iP_i+c_i$ 为传统机组的煤耗曲线；λ_i 为对可再生能源机组出力成本的估计；Pi 为对应机组的出力；N_1 和 N_2 分别为系统中传统机组和可再生能源机组的数量。

（2）售电收入表达式为

$$E=\sum_{i=1}^{N_{1+}N_2}p_iP_i \tag{4-6}$$

式中：p_i 为对应电价。

（3）可再生能源机组的总出力为

$$T=\sum_{i=1}^{N_2}P_i \tag{4-7}$$

高占比可再生能源电力系统的优化目标为：总成本尽量低、总收入尽量高、可再生能源总出力尽量高。以上是一个多目标优化问题，设置一定的权重因子求综合最优。为了简化指标推导，设三个目标函数的权重相同，将设置权重和

消去量纲的工作在推导最后完成。目标函数为

$$f=\sum_{i=1}^{N_1}(a_iP_i^2+b_iP_i+c_i)+\sum_{i=1}^{N_2}\lambda_iP_i-\sum_{i=1}^{N_{1+}N_2}p_iP_i-\sum_{i=1}^{N_2}P_i \tag{4-8}$$

使得满足约束下目标函数最小的解为要求的理论可行解。计及网架参数、负荷水平的约束条件包括供求平衡、出力上限约束、母线电压约束和线路潮流约束。

（1）供求平衡可表示为

$$\sum_{i=1}^{N_{1+}N_2}p_i=p_{\mathrm{L}} \tag{4-9}$$

式中：P_{L} 为系统总负荷。

（2）出力上限约束可表达为

$$P_i\leqslant P_i^{\max} \tag{4-10}$$

式中：$P_i^{\max}$ 为系统各可再生能源发电机组功率上限。

（3）母线电压约束可表达为

$$U_i^{\min}\leqslant U_i\leqslant U_i^{\max} \tag{4-11}$$

式中：U_i 为母线电压；$U_i^{\min}$ 和 $U_i^{\max}$ 为母线电压允许的最小值和最大值。

（4）线路潮流约束可表达为

$$P_{\mathrm{L}i}\leqslant P_{\mathrm{L}i}^{\max} \tag{4-12}$$

式中：$P_{\mathrm{L}i}$为线路潮流；$P_{\mathrm{L}i}^{\max}$为线路允许通过的最大潮流。

以上是高占比可再生能源系统的消纳优化模型，其计算结果用于评估系统的消纳能力。

二、消纳能力指标评估与分析

待消纳占比是系统消纳优化模型计算结果（最优出力）下的发电量与其实际消纳电量的差和实际消纳电量的比值，即

$$\text{待消纳占比}=\frac{\text{理论最优电量}-\text{实际消纳电量}}{\text{实际消纳电量}} \tag{4-13}$$

待消纳占比衡量系统的现状出力与理论最优的接近程度，是对系统消纳能力的定量评估。待消纳占比的符号反映某处的新能源消纳尚存裕量还是已经过剩。待消纳占比的绝对值反映系统消纳能力的强弱，越小越优。理论最优电量考虑当地系统的经济性、安全性和固有特性三类约束条件，使得可再生能源机

组出力尽量足、耗量尽量低、利润尽量高。可以预见，新能源消纳能力指标表达式的形式为

$$新能源消纳能力指标 = \frac{理论最优电量_{(经济性、安全性、固有特性)}}{实际消纳电量} \tag{4-14}$$

基于待消纳占比指标，提出如下的可再生能源消纳能力评估流程：

第一步，建立消纳优化模型。就待研究系统，选取特定研究的时间尺度，搜集、分析、考量典型日下的待评估系统资料和数据，从经济性、安全性和固有特性三方面研究待评估电网，包括：①电网各类发电厂、站、设备（包括传统能源和可再生能源）的发电耗量成本；②地区电价水平；③电网中各类发用电设备的功率上限；④系统满足的潮流约束；⑤系统允许的电压波动范围；⑥地区负荷水平；⑦网架结构参数。基于以上数据得到计算待评估系统最优消纳功率的数学模型。

第二步，计算评估消纳能力的指标（待消纳占比）结果。将上述数据代入待消纳占比计算的表达式，结合时间尺度的跨度范围计算电量，得到评估消纳能力的指标结果。计算过程不涉及优化模型的求解，易操作。待消纳占比直接反映消纳能力的强弱，涉及经济性、安全性和固有特性三部分，据此评估。

第三步，系统评估研究对象的消纳能力、消纳现状和提升措施。包括以下方面：

（1）现状评估。

1）分析消纳情况。评估现有负荷水平、网架结构和可再生能源接入的情形下，可再生能源的消纳能力强弱。理论上，某处某机组待消纳占比绝对值越小，表示该机组实际出力越接近理想的最优值，该处的可再生能源出力消纳情况越优，可结合指标结果逐一分析系统节点。

2）分析电量。若占比为正，表示在现有的负荷需求、利润水平和网架结构下，尚有进一步增加可再生能源装机容量和输出功率的空间；若占比为负，表示在现有的负荷需求、利润水平和网架结构下，可再生能源机组的输出过裕或过剩，易造成弃风、弃光的现象。

3）制定发电计划。依据计算结果调整具体机组的中长期发电计划，待消纳占比偏大的适度调高发电计划，反之亦然，指导改造机组装机容量。

（2）电网规划。结合待消纳占比的计算结果，寻找电网中迫切需要改造、完善的节点位置。对于系统中待消纳占比过大的节点，要参考指标计算结果扩建、新建发电设备和厂站，加增装机容量，使得增容后待消纳占比减小；对于系统中待消纳占比过小的节点，考虑节点附近网络的联络率，要加装联络线，更换线路，考虑发电量经升压变压器、网络外送外调至上级传输网等。据此可提出改造系统网架结构、提升系统消纳能力的定量依据。同时考虑地区的规划方案和建设实际，新增变电站、换流站、牵引站、开关站等，规划后的远期系统可再次计算待消纳占比评估，各节点的指标计算结果以接近 0、相差不大为宜。

（3）效益分析。涉及用电需求分析、电价和用电政策调整等。作为影响系统消纳的因素之一，效益分析应当与当地的发输和供求实际相结合。对于待消纳占比较低的地区，应当适当降低电价，“刺激”消费，优化和提升地区可再生能源的消纳情况。令经济性部分指标等于后两项指标值，反解电价的结果为地区电价的调整、政策的制定策略提供参考依据。对待消纳占比中经济性部分计算结果作高低排序，可为地区调整电价的优先级和方向提供参考。而对于电力需求少、可再生能源弃率高的地区、节点应适当调整用电政策提高用电量，促进可再生能源就地就近消纳，以提升系统的消纳能力。

综上所述，基于待消纳占比的高占比可再生能源电力系统消纳能力评估体系如图 4-15 所示。从现状、效益和网架规划三方面快速、定量评估系统消纳能力，为工程实际提供参考。

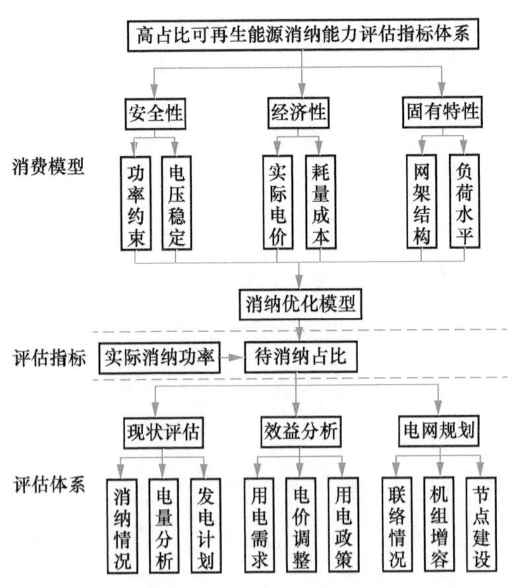

图 4-15　基于待消纳占比的可再生能源消纳能力评估

定量评估系统可再生能源消纳能力的指标为：待消纳占比和基于指标分析的评估体系。基于三方面计算待消纳占比的结果，构建围绕待消纳占比指标体系，用于评估与此三方面相关的消纳情况和提升措施。主要包括：

（1）提出待消纳占比，定量评估高占比可再生能源电力系统消纳情况，丰富评估方面和内容。

（2）评估指标推导。此处推导了指标的显示表达式，避免了繁琐的求解步骤，指标能够简便、快速应用于工程实际评估和分析。

（3）指标的计算结果和评估的经济性、安全性等方面，为制定用电政策、接入容量和网架规划等提供了依据，可用于工程实际和项目评估。

第五节　大规模可再生能源发电接入的区域电网运行风险评估

一、运行风险评估指标体系

1. 风险分析

由于新能源出力的随机性和间歇性，随着新能源发电大规模并网，电力系统的安全稳定运行将面临严峻风险。为了保障电力系统的安全稳定运行，电力系统需要满足以下三个要求。

（1）发生预想事故时系统运行状态处于可接受范围内。

（2）在正常情况下电网运行状态具有可控性。

（3）能够承受并抵抗一定程度的各种来自系统和外部环境的干扰事件。

因此，为了设计出科学合理的运行风险评估指标体系，指标筛选应该要选取能够尽可能多地衡量电网运行状态满足上述要求的程度的指标，既体现当前电网运行状态是否健康，也反映电网对干扰事件的抵抗能力强弱。

2. 指标体系构建

基于上述风险分析，提出六类运行风险指标，即功率传输风险、电能质量风险、电网频率稳定性风险、孤岛效应风险、保护与控制风险、规划与设计风险，如图 4-16 所示。

（1）功率传输风险。在传统电力系统中，由于潮流是由输电网自上而下地

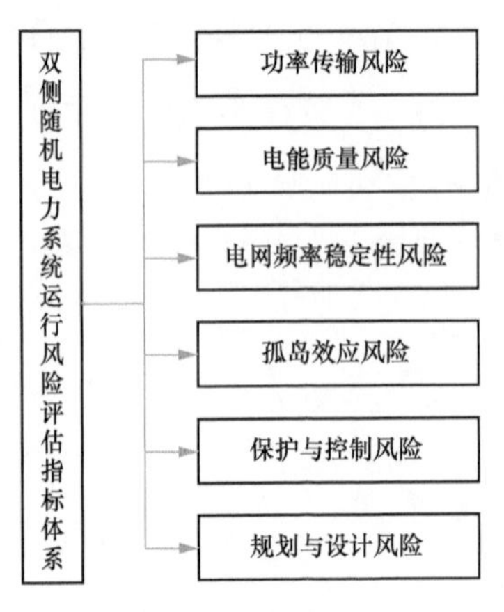

图 4-16　运行风险评估指标体系

单向流向配电网，当配电网中大规模接入分布式电源，会出现功率供过于求的现象，过剩的功率将会逆向流往电压等级更高的电网，配电系统的设备将承受双向潮流的冲击。目前，配电网的设备选型主要基于系统的运行水平、质量和安全性，随着大规模分布式电源接入配电网，将导致系统中出现大量的双向潮流，输电线路的传输功率也会发生变化，极易突破配电网中配电设备的热稳定约束，形成安全隐患，威胁配电网的安全稳定运行。因此，选择功率传输风险作为衡量运行风险的指标。

（2）电能质量风险。

1）电压偏差。随着大规模分布式电源并网，并网公共连接节点（Point of Common Coupling，PCC）处的电压会由于分布式电源注入配电网的有功功率或无功功率而大幅度升高，进而影响当前线路电压在配电网上的分布状况，导致电压偏差指标突破电网安全稳定运行的范围。与此同时，分布式电源出力波动方向与用电负荷波动方向不一致的耦合影响将导致线路电压偏离程度进一步加剧。

2）谐波、电压波动及闪变。逆变型分布式电源（如微型燃气轮机、光伏发电等）的大规模并网会导致配电网中产生大量谐波。谐波使得设备产生额外热损失，使用寿命大大缩短，并对功率开关的正常投切与电子型控制设备的正常运行造成严重的不良影响。此外，新能源发电大规模并网还会导致节点电压出现快速波动甚至闪变。正常状态下，电压的波动在一定范围内，除非突然大规模接入大功率的冲击性负荷（如电气化铁路、炼钢电弧炉等）。而随着风力发电、光伏发电等新能源的大规模并网，由于其出力波动性较大，再叠加负荷的波动影响，大大地增加了节点电压出现快速波动与闪变的可能性，极大地降低了电能质量。

3）三相电压不平衡。当前，绝大多数光伏发电系统是通过单相逆变器连接到配电网。当并网节点的单相负荷不对称，同时光伏发电系统无序接入三相电网，系统中三相电压的不平衡程度将大大提高。由于三相电压的相位差、幅值存在差异，电压将形成负序或零序分量，导致变压器与线路损耗大大增加，配

电变压器的输出功率大大降低、使用寿命大大缩短。同时，负序分量有可能导致系统中部分自动保护装置误动作，对配电系统安全稳定运行造成严重威胁。

由上可见，电能质量风险可以作为衡量运行风险的指标。

（3）电网频率稳定性风险。通常情况下，电力系统能够保持有功功率的供需平衡维持稳定的系统频率。随着大量间歇性新能源并网，有功功率的供需平衡由于新能源出力的随机性和波动性受到破坏，从而系统频率稳定性面临挑战。为了维持稳定的频率，分布式电源（光伏电站、风力发电场等）采用自动投切的方式：分布式电源在频率过高超出允许范围时自动断开，在频率回落到允许范围内时自动连接。这种方式在分布式电源较少的情况下对频率调整奏效，但是随着分布式电源数量的增加，当分布式电源大规模集中解列时（电网运行人员难以监控该过程），系统的出力损失得不到满足，系统频率将难以调整到额定频率，进而导致频率长时间的偏移。因此，将电网频率稳定性风险作为衡量运行风险的指标。

（4）孤岛效应风险。孤岛效应指的是分布式电源在其连接的电网检修或故障而无法维持供电时，继续供电给停电线路和周围负载，形成的不由供电公司管理的自给供电单元。孤岛效应形成的往往是一种未知的非计划供电状态，将给电力系统带来一系列不利影响。

1）危害孤岛内用电设备。由于分布式电源出力的不稳定性或发生负荷超载现象，孤岛范围内的电压与频率有可能超出允许范围，极易损坏用电设备。

2）分布式电源将在电网供电恢复正常时重新并网，当分布式电源与电网的相位不同步时，将会形成巨大的冲击电流。由此可见，孤岛效应风险可以作为衡量运行风险的指标。

（5）保护与控制风险。分布式电源对配电网继电保护的影响主要体现在其对故障点短路电流的影响。由于不同的分布式电源在装机容量、并网形式（旋转型、逆变型）与位置上的差别以及出力的随机性与波动性，分布式电源大规模并网将有可能引起故障点短路电流的大小和方向发生变化，从而导致：

1）线路保护误动作，线路保护的选择性被破坏，事故的影响范围进一步扩大。

2）线路保护灵敏性减弱，甚至造成线路保护拒动作，系统大范围停电的可能性增大。

3）重合闸失败，分布式电源在发生瞬时性线路故障时可能仍然会提供电流给线路，不能及时熄灭故障点电弧，威胁电力系统运行的安全稳定性。

因此，分布式电源并网对配电系统继电保护复杂多变的影响将会使继电保护的方案选择和参数设定更加困难，保护与控制风险可以作为衡量运行风险的指标。

（6）规划与设计风险。分布式电源对电网规划的影响主要集中在电源规划和电网网络拓扑结构规划两个方面。

电源规划涉及优化电力系统的电源布局以及确定电源容量等方面。电力系统能否经济安全可靠运行取决于电源规划是否合理。新能源发电具有间歇性、随机波动性等特点，在分布式电源中占主要部分，如何准确预测发电量成为电源规划过程中面临的首要难题。此外，分布式电源接入位置选择对电力系统经济安全可靠运行十分重要，不同的接入位置会形成不同的电力系统运行状态，因此分布式电源的选址定容变得多样复杂。同时，为了应对柔性负荷（电动汽车为主要代表）的不确定性，如何协同规划柔性负荷和分布式电源以平抑负荷波动幅度，为电源规划提出了严格的要求。

网架结构规划问题是一个复杂的组合优化问题，包含许多变量与约束条件。而分布式电源的大规模并网除了影响电力系统的电压分布、线路损耗、有功潮流和供电可靠性之外，其天气状况、接入位置、输出功率等不确定因素使得数学模型中的变量和约束条件更加庞大，数学模型的复杂性进一步提高，求解将变得更加困难。因此，将规划与设计风险作为衡量运行风险的指标。

二、基于模糊神经网络的电力系统运行风险评估模型

目前关于电力系统运行风险的研究比较多，风险评估方法包括多元分析法、层次分析法、模糊分析法、灰色理论等。这些方法虽然取得了一定的成果，但是也存在着评价指标间的加权系数难以确定和自学习能力较弱等不足之处。作为一种智能算法，神经网络在近些年迅猛发展并广泛应用于各种领域，这得益于它具有非线性、自适应、容错性等一些传统方法不具备的性质。将模糊分析和神经网络结合的技术可以在保留输入数据模糊性的同时，避免评价过程中的随机性和评价人员主观上的不确定性。这种使得先验知识很好地嵌入网络的改进模型十分适合运行风险评估。因此，本节提出一种模糊神经网络风险评估模型，在已有指标体系基础之上，利用样本数据对模型进行了训练，依据输入数

据完成了电力系统运行风险的评估。

对于单个风险，需要给出评价的标度。借鉴德尔菲法等设立评分标准，如表 4-12 所示，风险标度分为较低风险、低风险、一般风险、较高风险和高风险五个等级。专家群给出的评价汇总求平均即是风险指标的风险评分值。

表 4-12　　风险的评分标准

风险	较低风险	低风险	一般风险	较高风险	高风险
分数	＞0.8	0.6～0.8	0.4～0.6	0.2～0.4	＜0.2

1. 模糊神经网络拓扑结构

模糊神经网络包含输入层、隐含层、模糊层和解析层和去模糊层。模糊神经网络拓扑结构如图 4-17 所示。

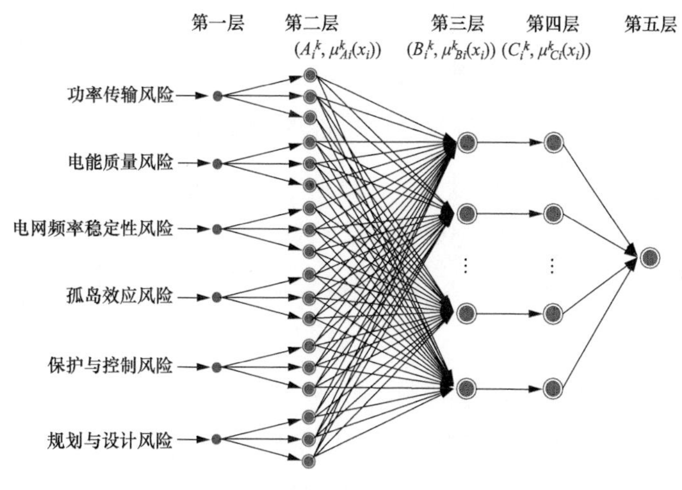

图 4-17　模糊神经网络拓扑结构图

（1）输入层。设 X 为输入变量，$X=\{x_1;\ x_2;\ x_3;\ x_4;\ x_5;\ x_6\}$ 代表功率传输风险、电能质量风险、电网频率稳定性风险、孤岛效应风险、保护与控制风险和规划与设计风险的评价值。

（2）隐含层。隐含层中利用节点来表达语言变量和隶属度。语言风险集合为较低风险、低风险、中等风险、较高风险、高风险。通过 $\{1, 2, 3, 4, 5\}$ 表示语言变量的标度值。i 表示 X 的第 i 个分量 x_1，k 表示第 i 个分量的第 k 标度。μ_A^k (x_i) 表示对于输入变量 x_i 的 k 标度的隶属程度。隶属度可以通过专家主观给出，代表风险大小影响的置信度。

(3) 模糊层。模糊层中利用节点来表述模糊化的规则，计算规则的适用度：$a_j=\min\{\mu_1^{i_1}, \mu_2^{i_2}, \cdots, \mu_n^{i_n}\}$，其中，$i_1$，$i_2$，…，$i_n\in\{1, 2, 3, 4, 5\}$，$j=1$，2，…，12（第三层共有 12 个单元）。

图 4-17 中，B_i^k 代表了语言变量项目风险的标度，μ_{Bi}^k 表示了隶属度，W_{ij} 表示两个层级中 i 节点和 j 节点之间的连接权值，权值的大小由随机方式生成，通过网络训练进行修改。

(4) 解析层。解析层是解析风险的过程，目的是通过加权运算将运行风险映射到五个标度上。μ_a^k 表示了隶属度。类似于之前的参数传递规则，标度值是以加权和的方式进行传递，隶属度采用并集的模式进行运算，取集合中的最大，即 $\bar{a}_j = a_j / \sum_{j=1}^{12} a_1$。

(5) 去模糊层。遵循的隶属度最大原则，对上一层运行风险的 5 个标度进行判断，将隶属度最大的风险标度作为实际输出的风险状态 $y = \sum_{i=1}^{m} W_{ij}\bar{a}_j$。

其中，W_{ij} 表达了第四层和第五层之间的连接权值，$k=1$，2，…，m。

2. 参数学习的 BP 算法

模糊神经网络是一种多层级的前馈型神经网络，W_{ik} 和 W_{kj} 分别是第二层和第三层、第三层和第四层之间的连接权值，通过 BP 网络架构的传递方法来调整参数的学习。

BP 神经网络是一种信号前进传递，误差反响传递的多层级前馈神经网络系统。它具有输入层、输出层和隐含层三层结构，在前向传递中，输入信号有输入层传递进入经过隐含层的处理至输出层输出。输出层如果认为输出的信号没有达到期望值会进行反馈传递，通过误差范围改变网络权值和阈值，更改输出信号逐渐逼近期望输出，把误差控制在可以接受的范围内。本书把误差函数 $E(W)$ 作为目标函数，通过计算误差值来判断输出的信号是否达到期望值。

误差函数：$E(W) = \dfrac{1}{2}\sum_{j=1}^{3}(d_j - y_j)^2$

式中：d_j 为期望输出值；y_j 为实际输出值。

利用误差反向传播来计算 $\dfrac{\partial E}{\partial W_{ij}}$，通过一阶梯度寻优算法调整 W_{ij}。

在第四层时，有 $\delta_j=\dfrac{\partial E}{\partial net_j^{k+1}}=\dfrac{\partial E}{\partial O_j^{k+1}}\cdot\dfrac{\partial O_j^{k+1}}{\partial net_j^{k+1}}=[O_i-d_i]f'(net_j^{k+1})$

求得 $\delta_j^{(4)}=-\dfrac{\partial E}{\partial y_j}=d_j-y_j$

从而：$\dfrac{\partial E}{\partial W_{ji}^k}=\dfrac{\partial E}{\partial net_j^{k+1}}\cdot\dfrac{\partial net_j^{k+1}}{\partial W_{ji}^k}=\dfrac{\partial E}{\partial net_j^{k+1}}O_i^k$

进而：$\dfrac{\partial E}{\partial W_{kj}^k}=\dfrac{\partial E}{\partial y_j}\cdot\dfrac{\partial y_j}{\partial W_{kj}^k}=\delta_j^{(4)}z_k^{(3)}=-(d_j-y_j)\overline{z_k}$

第三层中的 $\delta_j^{(3)}$ 可由$\dfrac{\partial E}{\partial W_{kj}^k}$推导，即

$$\delta_j=\frac{\partial E}{\partial net_j^{k+1}}\sum^m\frac{\partial E}{\partial O_j^k}\cdot\frac{\partial O_j^k}{\partial net_j^k}=f'(net_j^k)$$

$$\delta_j^{(3)}=-\frac{\partial E}{\partial z_k}=-\sum_{j=1}^{3}\frac{\partial E}{\partial y_j}\cdot\frac{\partial y_i}{\partial z}=-\sum_{j=1}^{3}\delta_j^{(4)}W_{kj}$$

可以得到

$$\frac{\partial E}{\partial W_{ik}}=\frac{\partial E}{\partial z_k}\cdot\frac{\partial z_k}{\partial W_{jk}}=-\delta_j^{(3)}x_j^{(2)}=-(\sum_{j=1}^{3}\delta_j^{(4)}W_{kj})\overline{x_1}$$

在反向传播中，$W_{ik(0)}^{(k)}$ 和 $W_{kj(0)}^{k}$ 为随机值。

3. 算例分析

由于神经网络的学习过程是一项记忆性的训练，因此采用小量样本进行学习训练，然后再检验。收集的样本风险数据如表 4-13 所示。

表 4-13　　样本风险指标评分值和风险等级

编号	功率传输风险	电能质量风险	频率稳定风险	孤岛效应风险	保护控制风险	规划设计风险	风险等级
1	0.763	0.832	0.814	0.808	0.725	0.902	较低
2	0.434	0.621	0.761	0.543	0.556	0.472	一般
3	0.632	0.594	0.524	0.523	0.648	0.754	低
4	0.526	0.523	0.604	0.537	0.663	0.623	一般
5	0.636	0.714	0.542	0.483	0.612	0.658	一般
6	0.632	0.634	0.780	0.325	0.545	0.425	低
7	0.334	0.356	0.572	0.395	0.521	0.616	一般
8	0.343	0.454	0.125	0.382	0.547	0.251	高
9	0.387	0.645	0.467	0.725	0.679	0.643	一般
10	0.442	0.383	0.250	0.346	0.457	0.661	较高
11	0.601	0.415	0.433	0.753	0.612	0.701	一般
12	0.753	0.534	0.432	0.567	0.534	0.715	一般
13	0.731	0.742	0.776	0.583	0.632	0.734	低
14	0.686	0.728	0.547	0.458	0.567	0.645	一般
15	0.527	0.314	0.204	0.554	0.245	0.405	较高

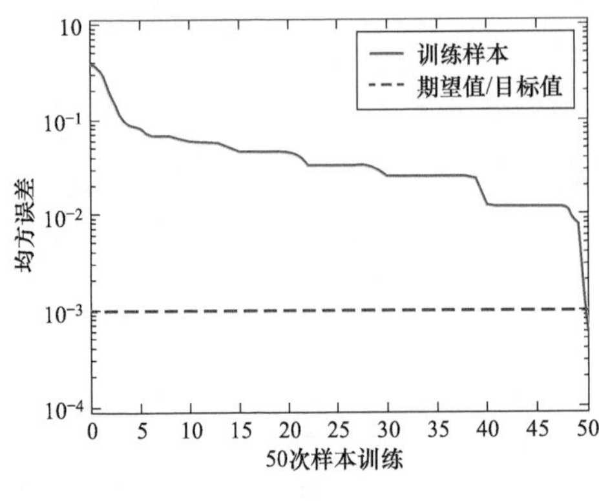

图 4-18　模糊神经网络拓扑结构图

此处选取表 4-13 中前 12 组数据作为网络训练数据，通过构建好的模型进行输入训练。学习率 $\eta=0.5$，误差为 1/1000，后三组为检验样本。训练样本经过 50 多次调整后收敛，如图 4-18 所示。把后三组样本用训练好的网络进行判别，得到的结果分别为 {0.0004，09937，0，00059，0}，{0，0，0.9992，00008，0}，{0，0，0，0.9987，0.0013}，与样本评估的风险状态完全符合，说明训练的神经网络可以用于风险评估。

得到训练好的神经网络后，聘请专家利用模糊语言对运行风险进行评价，最终确定的输入变量为（0.549，0.643，0.568，0.421，0.749，0.635），样本输入神经网络后得到的输出结果为 {0，0.0008，0.9989，0.0003，0}，从最大隶属度的原则看，系统运行的风险等级为一般风险。

第六节　电力系统管理和能源交易

一、基于大数据技术的电力系统管理

电力的大范围平衡，将为居民电力的自由使用、相关需求侧政策的制定提供更大的调节空间。智能电网的神经元、数据分析元在互联的电网系统中普遍使用。这正是大数据产生的关键环节，这些数据在为电网运行提供可靠保证的同时，也将预测能源的变换趋势，为基建投资等提供数据支持。

伴随未来城市整体数字化水平的上升，综合应用智能电网技术以及云计算、物联网、大数据等信息技术，实现城市区域电网与信息通信网的有效融合。基于对用电负荷数据、电网运行信息、气候环境信息等综合分析与数据挖掘，实现城市内电气信息的显示、分析、诊断、维护、控制及优化管理，支撑城市能源供需调节、公共服务、产业优化和环境监测。通过构建全覆盖的电力信息网络神经元和城市能源智能监测管理平台，实现电网与分布式电源、储能、电动

汽车等用户侧设备的广泛交互，以及与燃气、供热等多类型能源的协调运行，实现城市能源供给、消耗的统一监测，能效分析、梯次利用和协调管控，构建全球智能社会。

大数据奠定需求快速响应基础，电网与用户之间的网络化互联，构建一个覆盖全网，能够精确测量、收集、储存、分析、运用和传送用户用电数据、电价信息和系统运行状况的完整能源互联网络和系统。由智能采集设备实时获取的用户、电动车辆信息源源不断地汇总于电力数据中心，经过深度的数据挖掘，电力平衡策略迅速提供，同时在此平衡条件下，各用户的最佳电能使用方案也一并送达智能终端，供用户选择，实现真正意义上的双赢。

二、基于大数据技术的能源交易

1. 电力市场大数据交易模型

结合电力市场多能源和新增实体等基本来源特征，应用电力市场的多元能源大数据交易模型如图 4-19 所示，主要包含数据分析、交易方确定、价格协商、数据交付及售后评价五个部分。

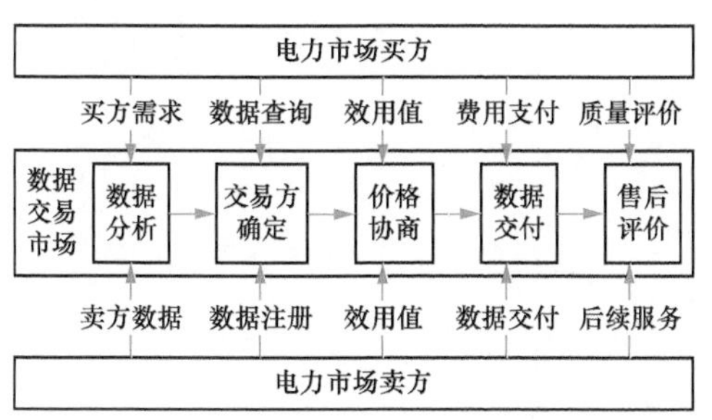

图 4-19　电力市场大数据交易模型

（1）数据分析。电力市场中的买方和卖方对需要交易的市场成员数据及数据特征的关键属性进行大体分析，对数据的属性、基本类型和应用范围进行阐述，并采用结构化的语言对分析结果进行描述，构建市场中的数据交易对象。

（2）交易方确定。电力市场的卖方成员将需要售卖的新增实体数据资源进行注册，并形成数据交易的库，买方能够从库中进行查询，从而获取所需交易目标的基本信息以及交易竞争方，即可能存在多个潜在的买方。

（3）价格协商。市场中的交易双方根据自身对交易目标数据进行协商，即分别依据自己的效用函数对其效用值进行计算，以此计算结果作为评价数据的价值，在价格协商的过程中，能够采用多目标优化函数进行求解，形成交易双方互利共赢的数据交易方案。

(4) 数据交付。在双方对价格方案都满意的情况下，开始执行数据交付，此阶段需按照交易合约在规定的时间内完成数据交付，同时卖方还得提供额外的数据配置服务。

(5) 售后评价。在完成数据交付之后，需完成后续的一些服务，如对买卖双方在交易过程中的评价、售后服务合约制定等。

2. 数据多属性协商模型

由上述分析可知，价格协商是电力市场大数据交易的重要部分。价格协商是指买卖双方对大数据交易价格达成一致的过程，需要根据数据的质量进行价格的确定。同时，为实现交易的效率和自动化水平，需采用智能化技术来提高多元能源大数据价格协商。

在数据交易过程中，卖方对数据质量的描述以及买方对数据质量的感知是双方价格协商的基础。而数据的质量从其本质上来讲也是数据的属性，在电力市场环境下，买卖双方的数据属性本质上是买方和卖方各自属性之间所反映的关联性。对于电力市场新增实体成员的数据属性特征，其对应的大数据交易对象可以表示为

$$M_i = (e_1, \cdots, e_n) \quad E_i \in (i, \cdots k) \tag{4-15}$$

式中：M_i 是数据价格协商的对象；k 是价格协商的轮次；n 是对象属性数量。

对于大数据交易对象，其存在的 n 个属性可以表示为：(E_1，…，E_n)，且 (e_1，…，e_n) 是协商过程中的属性向量。向量组 (E_1，…，E_n) 中的元素都存在一个取值范围 ($E_{i.\min}$，…，$E_{i.\max}$)。因此，在数据交易的过程中，买卖双方就是在各自都能够接收的范围内，形成多属性协商机制。经过多轮次的协商即可达到双方满意的交易结果。

在双方价格的协商过程中，定义"效用值"为具有多属性的交易数据满意度，对应可形成一个效用函数，函数的参数为数据的多属性。对于效用值函数，定义正属性代表交易双方满意，其取值越大，表示满意程度越高；而负属性代表交易双方不满意，其取值越大，表示满意程度越差。因此，为体现交易过程中多属性协商之间的交互特性，提出了反应属性关联性的综合效用函数为

$$v_i(\vec{x}) = \sum_{j=1}^{n}\left[\omega_j\left(u_j + \sum_{\substack{k=1\\k\neq j}}^{n}\varepsilon_{j,k}u_k\right)\right] \tag{4-16}$$

式中：v_i 是第 i 轮协商过程中的效用值；u_j 是 n 维属性中第 j 个属性经过归一化处理之后的取值；ω_j 是第 j 个属性权重的评价结果；$\varepsilon_{j,k}$ 是第 k 个属性和第 j 个属性之间的关联程度，u_k 是第 k 个属性经过归一化处理后的取值。其中 u_{j} 和 u_{k} 的归一化表达式为

E_i 是正属性，$u_i = \dfrac{E_{i.\max} - e_i}{E_{i.\max} - E_{i.\min}}$

E_i 是负属性，$u_i = \dfrac{e_i - E_{i.\min}}{E_{i.\max} - E_{i.\min}}$

针对相同的属性 j，分别从买方和卖方的角度来看，其属性类型存在差异，即电力市场中的买方可以接受的取值范围和卖方可以提供的取值范围存在一定的差异性，同时交易双方对数据的评价权重也存在差异，带来的结果是对效用值函数的效用值影响不同。因此，针对电力市场交易双方在效用值上评价的差异性，提出基于遗传算法的多属性公平协商定价机制，实现市场中的多属性协商交易。

3. 基于遗传算法的公平协商定价

在电力市场中的大数据多数据属性协商模型中，存在一个最为理想的结果就是交易双方互利共赢，因此大数据的多属性协商模型可看成是一个多目标优化问题，协商的最满意的结果即是一个 Pareto 最优解。因此，针对电力市场多元能源大数据交易模型的 Pareto 最优解问题，多目标遗传算法因其具有结构简单和易于实现等优势而得到了广泛的应用。

针对电力市场交易双方效用值评价的多目标优化这一具体场景，采用向量评估遗传算法（Vector Evaluated Genetic Algorithm，VEGA）进行多目标优化求解，对交易双方多属性的优化求解具有很好的适应性。VEGA 是在传统遗传算法上做了一定的改进，其基本算法的流程如图 4-20 所示。具体的实现思想是：每一代的种群依据多目标随机平均地分为大小一致的子种群，再通过不同的目标函数对每一个种群进行适应值的分配，然后再将子种群的选择算子作为筛选的依据，

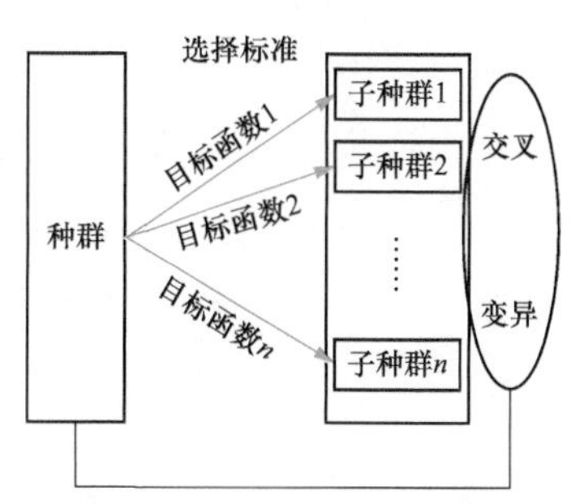

图 4-20　VEGA 算法流程图

随后对所有的种群实行交叉变异操作而获取新的种群。因为在每一个子种群当中，每个个体的适应值都是依据特定的目标函数进行分配而得到的，而子种群又将选择算子限制在其内部，因此优秀个体被重点强调。当选取合适的遗传算法参数时，VEGA 的解是非常接近于 Pareto 最优解。

因此，VEGA 具体的求解步骤为：

(1) 编码。采用二进制实数的编码方式，一个参数用一个基因表示，即基因表示的就是参数值，且决策变量的精度是根据二进制的位数来反映。

(2) 初始种群。初始种群采用英国谢菲尔德大学遗传算法的工具箱，能够在规定的范围内进行随机的分布。

(3) 适应度函数。适应度函数的设计是 VEGA 算法中的关键部分，适应度的选取采用的是目标函数值，同时适应度函数中的惩罚以约束的形式来体现，即如果个体的约束不满足条件，便将其适应度值设置为无穷大，即可实现不可行解的丢弃。由于较多的变量数目，遗传算法的变量值存在随机分布特性，且难以同时满足多个约束，搜索可行解存在一定的困难，为确保高效完成交叉变异，可优先筛选可行解，将最后的可行解群体设置为父辈。

(4) 选择、交叉和变异。根据 VEGA 来处理多目标函数，种群被随机分配成 2 个子种群，依据各自的单目标进行选择，抽样的方式为随机遍历。然后，合并被选择的种群，用单点交叉的方法对基因进行重组，以经验值作为交叉概率。种群多样性地保障方式为离散变异，并变异概率为缺省概率。最终得到的结果视作新一代个体。在程序中设定最大的遗传代数，并循环终止，最终得到最后的一代种群值，即是需优化问题的非劣解。

在电力市场的多能源大数据交易模型中，参与价格协商的买方和卖方都视为子种群，即种群的数量是 2，每一个多属性协商的编码形式为染色体，每一条染色体的基因代表的是数据的属性。上述提及的遗传操作都是在该基因上作用。N 条染色体构建每一代种群，经过好几代的遗传操作，最终的数据属性染色体即可认为是 Pareto 的最优解，由此即可得到电力市场交易双发的协商结果。基于 VEGA 算法的电力市场数据多属性交易算法流程如图 4-21 所示。

结合电力市场交易的特性，可根据效用函数来构造 VEGA 的多目标优化函数，即

$$\begin{cases} V-\max f(x)=v_{\mathrm{b}}(\overrightarrow{x_{\mathrm{b}}}),v_{\mathrm{s}}(\overrightarrow{x_{\mathrm{s}}}) \\ \mathrm{st.}\ E_{i.\min}<x_i<E_{i.\max} \end{cases} \tag{4-17}$$

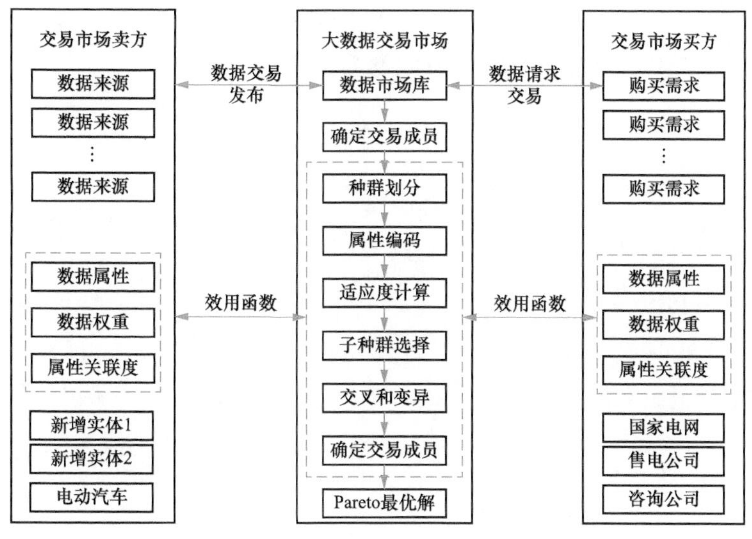

图 4-21　基于 VEGA 算法的电力市场数据多属性交易算法

式中：v_b 和 v_s 分别是电力市场中买方和卖方的效用值；$\bar{x}_b$ 和 $\bar{x}_s$ 分别是买方和卖方对数据属性值的商议。

因此，根据基于 VEGA 算法的电力市场数据多属性交易算法对上式进行多目标优化求解，求得 Pareto 最优解，以该最优解来确定交易双方的最终商议价格，可实现电力市场交易双方的互利共赢目标。

第七节　分 布 式 发 电

一、分布式大数据存储约束条件

因为分布式大数据存储的过程中，数据会以一种离散形式进行存储，由此需要在分布式大数据存储前做以下约束：

（1）整个分布式大数据存储的过程中，数据的流动性为透明的状态，也就是最终的数据存储节点对中间的数据传输链路并不关注，且整个中间链路为云特性；

（2）分布式大数据网络不存在固定控制中心，随机分布式数据传输和存储时都需要经过该数据库的检索完成数据调度；

（3）随机一个数据存储的中继节点出现失效情况，都能够利用其他中继节点完成数据存储的接力。

因为对随机中继节点来说，进行数据传输就是对网络中一定带宽转存的一个过程，由此分布式数据存储容错性能够利用式模型确定，即

$$E_{\text{sent}}(c)=c\sum_{t=0}^{c}\int f_{\text{sent}}(t) \tag{4-18}$$

式中：$E_{\text{sent}}(c)$ 为分布式大数据存储容错程度；c 为数据存储数量；$f_{\text{sent}}(t)$ 为数据传输时的映射函数。针对随机分布式数据的传输链路来说，整体数据存储容错系数影响因素很多，其中包含当前节点数据的存储数量等。分布式数据在传输的过程中，要依据各条分布式数据存储链路完成数据存储，由此其容错系数会随着数据存储链路数量的增加而变大。

二、基于云存储架构的分布式大数据安全容错存储算法

在基于云存储架构的分布式大数据安全容错存储算法运行前，将分布式数据弹性和数据的利用概率以及数据的粒度确定为已知值。其中数据粒度是指数据库中数据的细化和综合程度，细化程度越高，粒度越小；细化程度越低，粒度越大。弹性数据集是一个容错且可以执行并行操作的元素的集合，控制数据的弹性需要控制数据的收敛性来实现。

当数据存储节点收到数据存储请求之后，分布式数据存储为连续请求状态，依据数据存储梯度和存储强度指数计算模型，当计算结果满足需求时，将数据存储起来，假设不满足，则反复执行计算。其中，一般数据储存系统会划分为三个梯度，第一梯度实现数据的高度访问，第二梯度起到了对第一梯度和第三梯度的缓冲作用，第三梯度用于数据归档。式（4-19）所体现的是数据储存的第一梯度。

假设分布式数据的利用概率为 $P(x)$，分布式数据的利用概率期望值 $E[P(x)]$ 和分布式数据弹性期望值 $E[T(x)]$ 为倒数关系，则有

$$E[P(x)]=\frac{\lambda-\lambda^{2}E[T(x)]^{2}-E[T(x)]}{E[T(x)]} \tag{4-19}$$

式中：λ 代表分布式数据服从指数。

当模型计算期望值为负数时，则表明数据存储过程中的存储流畅程度和拥塞程度为反比，分布式数据存储继续进行。假设计算期望值为正数，需要对数据存储的服务质量进行控制，利用调控数据的粒度完成存储过程的继续。

因分布式数据存储的流畅度和计算出的期望值为负相关，尤其是当数据粒

度比较细时会使该期望值持续上升，还可能会变为正数，由此利用粒度率 p 对分布式数据弹性 $T(x)$ 进行控制，进而降低数据存储空间占用率，使数据存储流程更加顺畅。

由以上分析可知，$T(x)$ 和 p 之间满足负相关关系，由此能够通过该关系保证 $T(x)$ 数值不变，则有

$$T(x) \rightarrow p \tag{4-20}$$

式中：$T(x) \rightarrow p$ 的期望值 $E[T(x) \rightarrow p]$ 满足时间函数，$E[T(x) \rightarrow p]$ 数学表达式为

$$E[T(x) \rightarrow p] = \int E[T(x)] \tag{4-21}$$

将当前数据存储接入粒度率还设定为 p，那么下一个时刻 $T(x)$ 满足的关系式为

$$T(x) = \int E[T(x)] + E[T(x) \rightarrow p] \tag{4-22}$$

因为分布式数据存储点带宽是有限的，而且存储梯度 Δ 可以高效覆盖 $T(x)$，由此对于随机时刻 Δt，与之对应的保证覆盖关系 $\Delta T(x)$ 满足

$$\Delta T(x) = p\int_{\Delta}^{\Delta t} \sqrt{\Delta^2 - T(x)^2} \tag{4-23}$$

依据上式的计算，得到的分布式数据存储强度指数 $\Delta\lambda$ 满足

$$\Delta\lambda = \frac{E[T(x)] - \lambda}{1 - \lambda^2 E[T(x)]^2 - E[T(x)]} p \int_{\Delta}^{\Delta t} \sqrt{\Delta^2 - T(x)^2} \tag{4-24}$$

基于上式的计算结果，分布式大数据存储梯度 Δ 和数据弹性 $T(x)$ 满足

$$T(x) = \Delta(1 - \Delta)(\sqrt{1 - \Delta\lambda}) \tag{4-25}$$

根据上式的计算可知数据存储梯度 Δ 和数据弹性 $T(x)$ 的最佳关系，此时将分布式大数据进行存储，则最终存储结果 $\Delta(X)$ 为

$$\Delta(X) = E_{\text{sent}}(c) \cdot c \cdot P(x) \cdot \Delta\lambda \cdot T(x) \tag{4-26}$$

即为基于云存储架构的分布式大数据安全容错存储结果。

三、分布式大数据存储结果加密

基于分布式大数据存储结果，利用 CP—ABE 加密算法对数据存储结果进行加密，以提升数据存储的安全性。

ABE 加密算法为公钥加密，与其对应的解密对象不是个体，而是整个基于云

存储架构的分布式大数据安全容错存储群体。由于 ABE 融入了数据属性理念，使 ABE 算法于云计算下应用较为广泛。其将访问控制权交给用户，数据访问用户能够自主选取要查询检索的数据信息，此为 CP—ABE 加密算法于云计算下最大优势。将 CP—ABE 加密算法应用于分布式大数据安全容错存储算法的具体步骤为

（1）输入设定安全参数，获取主密钥 MK，公开参数 PK。

（2）输入主密钥 MK 和公开参数 PK，得到的分布式大数据存储结果，在明文 $\Delta(X)$ 的基础上获取密文 $C[\Delta(X)]$。

（3）输入分布式大数据属性集合［包括大数据分布弹性 $T(x)$、粒度率 p 以及储存梯度 Δ］、主密钥 MK，获取私钥 SK。

（4）输入密文 $C[\Delta(X)]$、私钥 SK，对密文 $C[\Delta(X)]$ 进行解密，最终获取明文 $\Delta(X)$。

根据 CP—ABE 加密算法对分布式大数据存储结果进行进一步加密，可高效解决当前数据存储方法中存在的安全度差的问题，确保数据储存的安全性。

第八节　综合能源系统

电力行业面临着正在形成的大数据环境，为此，需要不断挖掘大数据环境下的业务数据处理的潜在需求，探索适应电力数据的理论和方法，使电力信息系统运维的外延向数据运维的范畴进一步地拓展，以更好地适应数据量的迅速增长、数据类型的多样化和数据时效性不断提高。

一、大数据综合能源下互联网与能源网的物理和信息融合特征

1. 物理融合方式

在综合能源服务中，强调智能电网和能源并存。大数据综合能源服务模式下，电、热、冷、气等各种能源将通过各类能源转换器实现物理上的连接和交互。综合能源服务以微网单元的建设为主要特征。所谓微网，是指根据用户对各种能源的需求而构建的多能源耦合系统（其中包括电、热、冷、气等能源），它可孤立运行，也可与外部跨区域的主干网络并网运行。

2. 信息融合方式

引入大数据、云计算等先进互联网技术，利用其提供的计算资源和计算平

台，对不同形式的能源资源进行综合的管理和供需上的平衡调度，比如储能和互为调峰，在提供能源综合利用效率的同时为能源系统提供安全保障。微网单元能量流的控制主体为微网单元调度运营商，其功能与微电网单元调度运营商相类似，只是其管理的网络物理形态不同。

二、大数据综合能源技术组成

1. 四表集抄

智能电网建设力求依托用电信息采集采集终端和信道资源，部署一体化能耗采集终端，并统一接入综合能源服务云平台，实现水、气、热、电表计的远程自动集抄与一卡通缴费管理。在电力抄表方面，用电信息采集系统是集现代数字通信技术、计算机技术、电能计量技术和电力营销技术为一体的电能信息采集与监控管理系统，覆盖面广，功能完善。四表集抄技术方案的设计和选择必须依托现有的用电信息采集终端和信道资源。

2. 多能监控

研究冷热电三联供、热泵、电锅炉、冰蓄冷、分布式储能等分布式能源的建模分析与能效管理技术，部署区域能源供需快速采集设备，通过综合能源服务云平台实现区域电能、热力、制冷等能源消费的实时计量、信息交互、用能诊断与协调控制，提升综合能源利用率以及用户用能质量。

3. 能效审计与节能服务

基于大数据技术，在用能监测诊断基础上分析客户用能结构、用能设备、用能习惯等，评估能效水平与节能潜力，为工商企业、综合社区和家庭用户等提供节能网络规划、负荷主动控制、节能设备替换、分时用能方案等个性化的能效管理与节能服务。

4. 区域绿色能源交易

通过大数据综合能源服务平台构筑适应小范围的能量交易电子商务应用，建立以能量、服务、套餐配额、虚拟能源货币等为标志的多元化交易体系，鼓励个人、家庭、企业等小微用户以用能负荷资源、需求侧响应服务、分布式能源、储能资源等灵活能源市场交易，实现分布式能源生产、消费一体化，引导区域清洁能源更加合理健康发展。

5. 公共服务互动发布

依托能源服务公共网页、微信平台、手机 APP、智能家居终端等形式，在此主要介绍节能互动服务、需求侧响应服务、能源交易服务、用能咨询服务。

（1）节能互动服务：提供客户主要耗能设备、耗能类型、耗能时间等能源大数据服务，结合典型设备能耗水平、能源价格波动等因素，推送科学经济的用能方式、设备节能改造建议等；

（2）需求侧响应服务：公示国家/地区政府需求侧响应政策、园区能源运营单位能源削峰填谷信息，接收客户端响应，进行主动或被动的用能计划调整。

（3）能源交易服务：支持个人、家庭、企业等主体，以能源供给量、能源消费量、套餐配额量等产品形式参与区域能源交易，公共服务提供交易合同管理、能源交易量的计量计费、能源转让赠予管理、交易金融服务链接等具体服务。

（4）用能咨询服务：发布地区分布式能源接入、能源消费管理、能源价格变化等最新信息，介绍综合能源服务类型、服务形式、计费标准，接受客户咨询、投诉等。

6. 大数据综合能源服务云平台

面向科技城部署建设大数据综合能源服务云平台，进行系统硬件部署与软件开发并开展互联网域名申请与网站建设、微信平台及 APP 研究应用等工作实施。

系统平台设计主要包括生产运营管理、采集计量计费、多能协调控制、能效审计分析、能源交易服务、信息发布互动等功能。

第五章　光伏与风力发电系统大数据研究与实践

提高能源利用效率，构建绿色清洁能源体系成为国家能源发展战略。而在电力生产环节，由于大规模具有波动性和间歇性的光伏、风力发电不断接入，以往相对静态的传统电力生产模式被打破，使得电力生产、调度管理和计量变得日趋复杂。与此同时，随着电力信息化的推进，智能变电站、在线监测系统、测控一体化系统以及一大批服务于电力生产的信息管理系统等逐步建成及应用，给大数据技术的研究与实践迎来了新的契机。

光伏与风力发电系统涵盖了发电、输电、变电、调度以及交易等诸多生产过程，必将产生大量结构多样、来源复杂、规模巨大的数据，这些数据作为新型生产资源被广泛应用于电力系统规划和运行、资产管理、电力市场管理以及终端用户服务等各个领域。此外，利用大数据技术能够为电力企业做出更好的预测，开展光伏与风力发电系统大数据研究与实践也将被看作是大数据应用的重要技术领域之一。

第一节　简　　介

一、大数据来源

面对当前能源结构中具有波动性、间歇性的光伏、风力发电等新能源占比不断增大，与之相对应的控制策略也不断细化，在间歇性能源能量管理过程中的各个环节，每时每刻都会产生不同的数据，随着时间的积累，数据体量也将随之增大。通常这些数据往往依托专用的数据服务器进行存储，而其他高级应用软件及上位显示均可通过数据访问接口获取所需要的数据。数据获取与处理需要满足相应的时效性、可靠性及吞吐能力的要求。对于一些业务应用而言，尽管对数据的分辨率要求并不是很高，短时间内产生的数据量并不是很大，数据的计算量也在允许的范围之内，但是随着时间的增长、数据采集范围的扩大、一些业务逻辑计算策略的精细化、数据采集点的增加等众多因素，产生的数据也将是海量的。

本章以当前较为典型的光伏、风力发电为主，对间歇性能源开发利用过程中的大数据来源进行分析。光伏和在风力发电能量管理过程中，首先要先对发电单元进行功率预测，就风力发电场的功率预测系统而言，系统建模使用的历史数据中，对于每台风力发电机组建模所需要的历史功率数据都有一定的约束条件。一般情况下，要求历史数据的时间分辨率应不小于5min，时间跨度应不少于1年，那么每台风力发电机组历史功率数据所记录的条数应不小于365×24×60/5=105120，而随着风力发电场内风力发电机组台数的增加，仅历史功率数据这一项内容所产生的数据条数就很多，加上其他诸如历史风速、历史风力发电机组信息、历史风力发电机组及风力发电场运行状态信息等，风力发电场的运行数据量将是十分巨大的。如果进一步考虑到区域性风力发电场，那么传统数据的存储与处理方法将面临无法满足要求的窘境。以某地区10个风力发电场相关数据进行说明，如表5-1所示。每台风力发电机组按50个模拟量点、200个开关量点计算，1s采集一次，每台风力发电机组1s产生的数据量约为1KB，那么表中10个风力发电场的所有风力发电机组1天所产生的数据量大约是74GB [1×60×60×24×(106+34+128+34+40+24+273+33+134+67)=75427200KB]。上述统计的数据量并未包含日志文件、测风塔数据、天气预报数据等，若包含上述数据，并且随着风力发电场数量的增加或者风力发电场内风力发电机组数量的增加，产生的数据量将是海量的，如何对这些海量数据进行存储、分析处理是当前风力发电开发利用面临的新挑战。

表5-1　　某地区风力发电场信息一览表

序号	风力发电场名称	风力发电机组数量（台）
1	A区第一风力发电场	106
2	A区第二风力发电场	34
3	B区第一风力发电场	128
4	B区第二风力发电场	34
5	C区第三风力发电场	40
6	C区第四风力发电场	24
7	C区第三风力发电场	273
8	C区第一风力发电场	33
9	D区第二风力发电场	134
10	D区第三风力发电场	67

对于光伏电站而言，功率预测和调控一般都以逆变单元为单位，为了提高预测的精度，对光伏场站功率预测系统通常以可预测的最小粒度来做预测，要求在预测光伏电站未来功率时，应该以逆变单元为单位分别预测，而不是将光伏电站视为一个整体预测，每个电站的逆变单元数量由其功率大小决定，数量不一。如某地区装机容量为5MW的光伏电站有26个逆变单元，而相邻地区的某10MW光伏电站则有334个逆变单元。依据已有研究成果可知，光伏电站功率预测的影响因子要多于风力发电场功率预测系统，虽然预测时间较短，但针对光伏电站群进行功率预测和调控所产生的数据量也非常巨大。除此之外，我国的光伏产业正处于一个快速增长的状态，由国家能源局发布的数据可知，截至2019年6月底，我国光伏并网容量达到了18559万kW，同比增长20%。光照资源较好的区域的光伏电站密度将进一步增加，如果拟计划对区域性并网光伏电站或者并网光伏电站群进行功率预测的话，每天产生的数据量将进一步增加。

进一步分析可以看到，在光伏、风力发电系统能量管理过程中的各环节，每时每刻产生的数据不仅体量大，而且这些数据的数据结构各异。根据来源不同可以分为企业内部数据和外部数据。企业内部数据主要来源于能源生产管理系统、信息采集系统等，这些数据包括静态数据、实时数据和历史数据，其中静态数据包括设备模型参数、线路拓扑结构、资料数据等，实时数据包括遥信、遥测数据，如发电功率、交流侧电压、交流侧电流、直流侧电压、直流侧电流、组件温度等设备运行状态指标数据。外部数据主要来源于地理信息系统、气象预报系统采集的气压、气温、空气湿度、降水量等参数以及能够反映社会、经济、政策等重大信息的互联网数据等，这些数据为电力生产运行及管理提供支持的同时也为电网规划提供支撑。而且随着电力市场的不断改革，具有开放、参与、交互等特性的能源生产、能源传输及能源消费体系逐步推广实施，在传统能源生产数据的基础之上，企业还需掌握能够反映能源配送与转换、能源交易和调控的数据。这些数据共同构成了光伏与风力发电系统的大数据。

除了需要对光伏与风力发电系统能量管理过程中各个环节产生的海量数据进行存储外，还需要根据实际需要，进行大规模的计算。以功率预测为例，功率预测过程中采用的算法主要是机器学习算法，具有代表性的有神经网络和支持向量机，这两种算法被广泛应用于间歇性能源功率的预测。机器学习中的绝大部分算法，如神经网络和支持向量机，具有一个反复迭代训练模型的过程，在这一个过程中计算量是非常巨大的。在 Dell Power Edge R720 上利用台湾大学林智仁教授等开发设计的 LIBSVM 工具包，使用 1200 条实际数据训练支持向量机算法，包括使用粒子群算法做参数寻优，一共消耗的时间大约为 10min，而支持向量机训练过程的时间随着数据量增长的增长速度将不低于平方级。传统的低成本数据处理解决方案难以应对如此巨大的计算量。

二、大数据特征

光伏与风力发电系统大数据结构复杂、种类繁多，除传统的结构化数据外，还包含大量的半结构化、非结构化数据，如新能源场站设备在线监测系统中的视频数据与图像数据等。

光伏与风力发电系统的数据具有以下特征：

（1）分散性。数据来自分散放置、分布管理的数据源，需要打破原有的竖井式管理模式，对其进行融合，实现多系统的贯通和数据共享。

（2）多样性。数据种类多、维度多、体量不同、实时性要求不同，需要采用新的技术和方法对其进行存储、查找、调用和管理。

（3）复杂性。数据之间存在着复杂的关系，有些关系是不断变化的，而且由于数据的多源异构、实时性强等特点无法用传统方法充分发现其内在隐藏关系，需要引入新的分析处理手段。

（4）高价值。数据中蕴含着巨大的价值，可为电力企业自身以及社会经济发展提供有力的支撑，并有可能推动生产管理、电网运营和服务模式的变革。

三、应用需求分析

通过大数据集成管理，将有助于维护数据之间的有机联系，保持数据的系统性和完整性，以反映整个能源生产、传输、消费等的情况，探索并充分利用大数据技术和人工智能技术具有提高光伏、风力发电等能源利用效率，提供减少能耗的机会。现阶段的能源生产、传输等数据以分散的、碎片化的形式分布在各个地区、业务领域等，容易造成数据的流失和破坏。一方面，由于业务系统相对独立，各部门业务数据难以共享，形成信息孤岛。开发利用有限的软硬

件资源，将分散的数据资源集成为新的“有机体”，从整体进行智能管理，使能源生产管理更加安全可靠，且可实现能源信息的共享。另一方面，大数据时代，随着业务的开展，给光伏与风力发电系统数据的价值挖掘带来了更大的空间。在生产运行、气象地理信息、社会经济、互联网等多源数据融合的基础上，可衍生出大量新的应用，运用大数据技术充分挖掘其中的价值，给系统可靠运行和精益化管理带来新的技术手段，同时对优化运行方式、降低管理成本、提升公司经营效益和内部运营管理水平有极大的促进作用。

面向光伏与风力发电系统的大数据应用主要包括生产运行、开发规划、稳定分析及性能评估、公司经营服务与管理、社会经济和相关政策等方面。

在规划设计方面，目前缺少准确的光照、风速等资源数据，光伏、风力发电发电量数据，而且由于没有统一的光照、风速等资源及发电数据平台支撑，各地区的可再生能源资源数据与发电量数据不能保持同步，电力规划具有一定的盲目性，造成电力规划不准确、出现偏差，导致部分地区弃风、弃光现象比较严重。

在并网运行、稳定分析方面，随着可再生能源发电容量在电力系统中所占的比例不断增大，对我国电力系统的影响范围也随之增加，其出力的间歇性与波动性对电力系统的安全稳定、调峰调频带来了严峻的考验。特别是我国西北地区大规模的风力发电、光伏接入负荷较低的薄弱电网结构中，为电力系统的安全稳定运行带来了极大的挑战，这需要对含大规模可再生能源发电并网接入的电网进行更为精准的安全稳定运行分析，降低电力系统运行风险。与此同时，随着技术的不断发展，开展可再生能源系统运行性能评估已是迫在眉睫；然而，对可再生能源发电系统实际运行性能进行准确评估必然离不开长期的、大量的资源数据、运行数据以及现场测试数据等综合数据作为支撑，当前我国可再生能源资源及运行基础数据来源广泛，缺乏多源数据的系统融合和综合管理，且数据缺失、准确性不高，在电力规划、稳定分析、性能评估等方面应用不足，缺乏系统的数据支撑，数据海量，信息缺乏这一尴尬问题凸显。

为保障和支撑我国光伏、风力发电产业的健康、快速发展，探索光伏与风力发电系统大数据研究方法与实践，为光伏与风力发电系统的规划设计、运行分析、性能评估等提供系统支撑，提升光伏与风力发电系统能源利用效率，促进消纳意义重大。

第二节　大数据关键技术

基于大数据产业链的定义，光伏与风力发电系统大数据的关键技术既包括数据分析等核心技术，也包括数据管理、数据处理、数据可视化等重要技术。

一、数据分析技术

数据分析技术包括数据挖掘、机器学习等人工智能技术，具体指光伏与风力发电系统可靠性分析及接入的电网安全在线分析，光伏、风力发电发电预测、设施线路运行状态分析等技术。由于电力系统安全稳定运行的重要性及电力发输变配用的瞬时性特点，因此其对分析结果的精度要求更高。

二、数据管理技术

数据管理技术包括关系型和非关系型数据库技术、数据融合和集成技术、数据抽取技术、数据清洗和过滤技术，具体是指数据提取、转换和装载(Extract、Transfer、Load，ETL)，数据统一公共模型等技术。光伏与风力发电系统数据质量本身不高，准确性、及时性均有所欠缺，也对数据管理技术提出了更高的要求。

三、数据处理技术

数据处理技术包括分布式计算技术、内存计算技术、流处理技术。具体是指云计算、数据中心软硬件资源虚拟化技术。近年来随着电力数据的海量增长，电力企业亟需寻求新型的数据处理技术来提高硬件资源利用效率，在确保降低IT投入、维护成本以及物理能耗的同时，提升电力大数据的处理能力。

四、数据展现技术

数据展现技术包括可视化技术、历史流展示技术、空间信息流展示技术等。具体是指电网及新能源场站状态实时监视、互动屏幕与互动地图、变电站三维展示与虚拟现实等技术。电力数据种类繁杂，电力相关指标复杂，加以未来的电力用户双向互动需求，需要大力发展数据展现技术，提高电力数据的直观性

和可视性，从而提升电力数据的可利用价值。

当然，大数据技术是一系列技术的集合。在电力大数据事业推进的过程中，电力企业可以依托不同大数据技术的发展趋势，结合自身实际需求，合理开展电力大数据实践，使大数据在电力行业中真正落地。

第三节　分析挖掘技术

一、数据分析过程

数据分析是大数据处理的核心，数据集成和清洗得到的数据是数据分析的基础，大数据的价值源于数据分析。数据分析挖掘是将数据转换为知识的关键环节，一般将数据挖掘定义为通过一定算法，揭示出海量数据中未知的、潜在的价值信息，进而转化为知识，最终归纳普遍规律的过程。区别于传统的针对样本的统计分析，数据挖掘针对大数据总体进行分析。数据挖掘过程如图 5-1 所示。

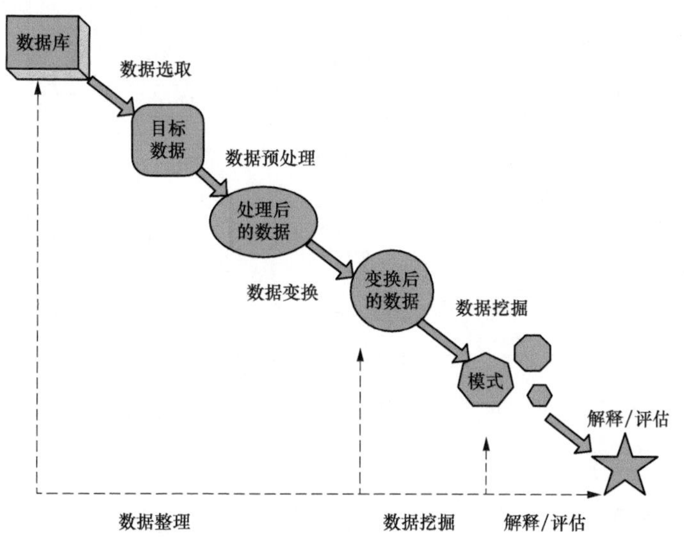

图 5-1　数据挖掘过程

1. 确定数据挖掘目标

确定目标是数据挖掘过程的首个环节，也是具备方向指引功能的环节，确定目标才能明确业务导向，即确定何种数据和知识才是有意义有价值的。

2. 数据整理

在确定挖掘目标后，需要了解背景信息，将采集的海量数据存储于相应的数据库，为数据挖掘环节做好准备。

3. 数据挖掘

以数据自身的特点和系统或用户要求为依据，确定适用的数据挖掘算法，如预测、关联规则发现或异常值分析等。

4. 解释评估

如果数据挖掘结果冗余、缺失或不能满足系统或用户要求，则需要将其删除，重复前述的三个步骤；如果数据挖掘结果达到了验证标准或能够满足系统与用户需求，那么需要用自然语言对结果进行解析和表达。

二、数据分析技术

光伏与风力发电系统大数据分析技术，从根本上讲，属于传统数据挖掘技术在海量数据挖掘下的新发展，但由于大数据海量、高速增长、多样性的特点，并且不仅包含结构化数据，还含半结构化和非机构化数据，从而使大数据环境较传统数据环境更为复杂，因此传统的很多数据挖掘方法已经不再实用，需要采用新的数据分析方法或对现有数据分析方法进行改进。大数据环境下的数据分析有数据挖掘方法、统计分析方法及机器学习方法等。

1. 数据挖掘方法

传统的数据挖掘是在大型数据存储库中，根据电力大数据的特性从不同角度进行抽样或特征选择，通过小数据方法将大数据小数据化，自动地发现有用信息的过程。其方法主要有分类分析、关联分析、聚类分析和异常检测四种。分类分析包括模式识别、决策树、贝叶斯分类以及人工神经网络等技术；关联分析包括 Apriori 算法、FP 增长算法以及频繁子图挖掘等方法；聚类分析可以分为基于原型的聚类、基于密度的聚类以及基于图的聚类等方法等；异常检测包括离群点检测等。

2. 统计分析方法

统计分析基于统计理论，是应用数学的一个分支，在统计理论里，以概率论建立随机性和不确定性的数据模型。统计分析可以为大型数据集提供描述和推断两种服务。描述性的统计分析可以概括或描写数据的集合，而推断性统计分析可

以用来绘制推论过程。更复杂的多元统计分析技术有多重回归分析、判别分析、聚类分析、主元分析、对应分析、因子分析、典型相关分析、多元方差分析等。

3. 机器学习方法

机器学习是面向任务、基于经验提炼模型，实现最优解设计的计算机程序。通过经验学习规律，一般应用在缺少理论模型指导但存在经验观测的领域中。机器学习的本质是使用实例数据或经验训练模型，在训练模型时一般采用统计学理论，应用时采用训练好的模型进行分析处理。机器学习分为归纳学习、分析学习、类比学习、遗传算法、联接学习、增强学习等。

总体来说，分析方法不是严格孤立的，存在着交叉融合。但每种数据分析方法都有其应用特点，在大数据实践应用中需要针对具体的业务采用合适的数据分析方法。

三、数据挖掘算法

1. 聚类分析

聚类分析（cluster analysis）是一组将研究对象分为相对同质的群组（clusters）的统计分析技术。聚类分析区别于分类分析（classification analysis），后者是有监督的学习。聚类是将数据分类到不同的类或者簇这样的一个过程，所以同一个簇中的对象有很大的相似性，而不同簇间的对象有很大的相异性。从统计学的观点看，聚类分析是通过数据建模简化数据的一种方法。传统的统计聚类分析方法包括系统聚类法、分解法、加入法、动态聚类法、有序样品聚类、有重叠聚类和模糊聚类等。聚类分析的主要算法包括 k-means、K-MEDOIDS、DBSCAN、EM 等算法。

（1）K-means 算法。K-means 算法接受输入量 k，然后将 n 个数据对象划分为 k 个聚类，以使所获得的聚类满足：同一聚类中的对象相似度较高；而不同聚类中的对象相似度较小。聚类相似度是利用各聚类中对象的均值所获得一个“中心对象”（引力中心）来进行计算的。

K-means 聚类算法应用流程图如图 5-2 所示，其基本步骤为：

步骤 1：从 n 个数据对象任意选择 k 个对象作为初始聚类中心。

步骤 2：根据每个聚类对象的均值（中心对象），计算每个对象与这些中心对象的距离；并根据最小距离重新对相应对象进行划分。

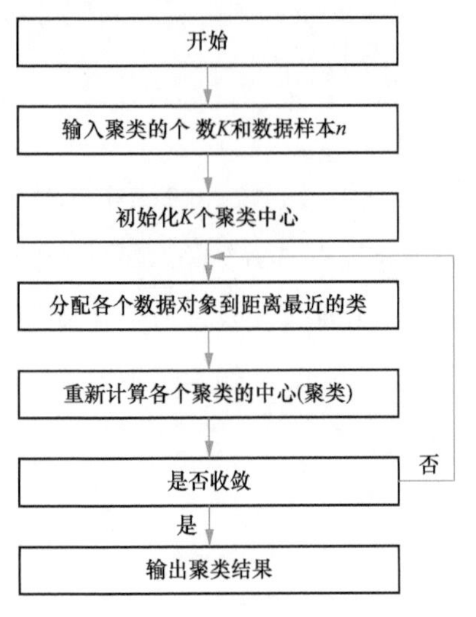

图 5-2　K-means 聚类算法应用流程图

步骤 3：重新计算每个（有变化）聚类的均值（中心对象）。

步骤 4：计算标准测度函数，当满足一定条件，如函数收敛时，则算法终止；如果条件不满足则回到步骤 2。

（2）K-MEDOIDS 算法。K-MEANS 的缺点为：产生类的大小相差不会很大，对于脏数据很敏感。

改进的算法 K-MEDOIDS 方法，会选取一个对象（叫做 MEDOID）来代替上面的中心的作用，这样的一个 MEDOID 就标识了这个类。K-MEDOIDS 和 K-MEANS 不一样的地方在于中心点的选取，在 K-MEANS 中，将中心点取为当前 cluster 中所有数据点的平均值，在 K-MEDOIDS 算法中，将从当前 cluster 中选取这样一个点，它到其他所有（当前集群中的）点的距离之和最小，选取作为中心点。

这种算法对于脏数据和异常数据不敏感，但计算量显然要比 K 均值要大，一般只适合小数据量。

（3）DBSCAN 算法。DBSCAN（Density-Based Spatial Clustering of Applications with Noise，具有噪声的基于密度的聚类方法）是一种基于密度的空间聚类算法。该算法将具有足够密度的区域划分为簇，并在具有噪声的空间数据库中发现任意形状的簇，它将簇定义为密度相连的点的最大集合。该算法利用基于密度的聚类的概念，即要求聚类空间中的一定区域内所包含对象（点或其他空间对象）的数目不小于某一给定阈值。DBSCAN 算法的显著优点是聚类速度快且能够有效处理噪声点和发现任意形状的空间聚类。但是由于它直接对整个数据库进行操作且进行聚类时使用了一个全局性的表征密度的参数，因此也具有两个比较明显的弱点：①当数据量增大时，要求较大的内存支持 I/O 消耗也很大；②当空间聚类的密度不均匀、聚类间距差相差很大时，聚类质量较差。DBSCAN 算法的目的在于过滤低密度区域，发现稠密度样本点。跟传统的基于层次的聚类和划分聚类的凸形聚类簇不同，该算法可以发现任意形状的聚类簇，与传统的算法相比，它具有不需要输入要划分的聚类个数；聚类簇的形状没有

偏倚以及可以在需要时输入过滤噪声参数的优点。

（4）EM算法。EM（Expectation-maximization Algorithm，最大期望算法）算法是一种迭代方法，最初由哈佛大学登普斯特（Dempster）等于1977年首次提出，主要用来计算后验分布的众数或极大似然估计。算法的每一迭代包括两步：第一步求期望，称为E步；第二步求极大值，称为M步，主要用来计算后验分布的众数或极大似然估计。EM算法的最大优点是简单和稳定。

2. 分类分析

所谓分类分析就是根据研究对象的特征或属性，划分到已有的类别中。常用的分类算法包括：朴素的贝叶斯分类算法（Native Bayesian Classifier）、基于支持向量机（SVM）的分类器、神经网络法、k最近邻分类算法（k-Nearest Neighbor，kNN），模糊分类法等。分类作为一种监督学习方法，要求必须事先明确知道各个类别的信息，并且断言所有待分类项都有一个类别与之对应。

（1）朴素贝叶斯分类。朴素贝叶斯分类是一种十分简单的分类算法，朴素贝叶斯的思想基础是：对于给出的待分类项，求解在此项出现的条件下各个类别出现的概率，哪个最大，就认为此待分类项属于哪个类别。

朴素贝叶斯分类分为准备工作、分类器训练和应用三个阶段。

第一阶段称为准备工作阶段。这个阶段的任务是为朴素贝叶斯分类做必要的准备，主要工作是根据具体情况确定特征属性，并对每个特征属性进行适当划分，然后由人工对一部分待分类项进行分类，形成训练样本集合。这一阶段的输入是所有待分类数据，输出是特征属性和训练样本。这一阶段是整个朴素贝叶斯分类中唯一需要人工完成的阶段，其质量对整个过程将有重要影响，分类器的质量很大程度上由特征属性、特征属性划分及训练样本质量决定。

第二阶段称为分类器训练阶段，这个阶段的任务就是生成分类器，主要工作是计算每个类别在训练样本中的出现频率及每个特征属性划分对每个类别的条件概率估计，并将结果记录。其输入是特征属性和训练样本，输出是分类器。这一阶段是机械性阶段，根据前面讨论的公式可以由程序自动计算完成。

第三阶段称为应用阶段。这个阶段的任务是使用分类器对待分类项进行分类，其输入是分类器和待分类项，输出是待分类项与类别的映射关系。这一阶段也是机械性阶段，由程序完成。

（2）支持向量机算法。支持向量机（Support Vector Machine，SVM）是一

个有监督的学习模型，通常用于分类、模式识别以及回归分析。作为分类器使用时，它的目标是创建一个平面边界，称之为超平面，使得被分类的样本空间中的数据被分为间距最大的两类数据。对于线性不可分问题，SVM 算法通过使用非线性映射算法将低维输入空间线性不可分的样本转化为高维特征空间，使其线性可分，从而使高维特征空间采用线性算法对样本的非线性特征可以进行线性分析。支持向量机通过寻求结构化风险最小来提高学习机泛化能力，实现经验风险和置信范围的最小化，从而达到在统计样本量较少的情况下，亦能获得良好统计规律的目的。通俗来讲，它是一种二类分类模型，其基本模型定义为特征空间上的间隔最大的线性分类器，即支持向量机的学习策略便是间隔最大化，最终可转化为一个凸二次规划问题的求解。

（3）k 最近邻分类算法。K 最近邻（k-Nearest Neighbor，KNN）分类算法是一个理论上比较成熟的方法，也是最简单的机器学习算法之一。该方法的思路是：如果一个样本在特征空间中的 k 个最相似（即特征空间中最邻近）的样本中的大多数属于某一个类别，则该样本也属于这个类别。严格来说，所谓 K 近邻算法，即是给定一个训练数据集，对新的输入实例，在训练数据集中找到与该实例最邻近的 K 个实例（也就是上面所说的 K 个邻居），这 K 个实例的多数属于某个类，就把该输入实例分类到这个类中。

K 近邻算法使用的模型实际上对应于对特征空间的划分，K 值的选择、距离度量和分类决策规则是该算法的三个基本要素。

（4）C4.5 决策树算法。C4.5 算法是决策树中一个经典的数据挖掘算法。该算法是基于决策树的算法，又比决策树算法更复杂。它通过处理特征为连续值的数据，运用信息增益率来排除所选取的特征取值繁多的缺陷，按照不同的剪枝标准进行排除，保证决策树的平衡。运用 K 次迭代来交叉验证，从而在众多优解中选取最优值。

3. 关联分析

关联分析是一种简单、实用的分析技术，就是发现存在于大量数据集中的关联性或相关性，从而描述一个事物中某些属性同时出现的规律和模式。关联分析的代表算法有 Apriori 算法、FP-growth 算法等。

（1）Apriori 算法。Apriori 算法是挖掘产生布尔关联规则所需频繁项集的基本算法，也是最著名的关联规则挖掘算法之一。Apriori 算法就是根据有关频繁

项集特性的先验知识而命名的。它使用一种称作逐层搜索的迭代方法，k 项集用于探索（$k+1$）项集。首先，找出频繁“1”项集的集合，记做 L_1，L_1 用于找出频繁“2”项集的集合 L_2，再用于找出 L_3，如此下去，直到不能找到频繁“k”项集。找每个 L_k 需要扫描一次数据库。

为提高按层次搜索并产生相应频繁项集的处理效率，Apriori 算法利用了一个重要性质，并应用 Apriori 性质来帮助有效缩小频繁项集的搜索空间。

Apriori 性质：一个频繁项集的任一子集也应该是频繁项集。证明根据定义，若一个项集 I 不满足最小支持度阈值 min _ sup，则 I 不是频繁的，即 $P(I) <$ min _ sup。若增加一个项 A 到项集 I 中，则结果新项集（$I \cup A$）也不是频繁的，在整个事务数据库中所出现的次数也不可能多于原项集 I 出现的次数，因此 $P(I \cup A) <$ min _ sup，即（$I \cup A$）也不是频繁的。这样就可以根据逆反公理很容易地确定 Apriori 性质成立。

（2）FP-growth 算法。由于 Apriori 方法的固有缺陷，即使进行了优化，其效率也仍然不能令人满意。2000 年，美国伊利诺伊大学香槟分校计算机系教授韩家炜等人提出了基于频繁模式树（Frequent Pattern Tree，FP-tree）的发教频繁模式的算法 FP-growth。在 FP-growth 算法中，通过两次扫描事务数据库，把每个事务所包含的频繁项目按其支持度降序压缩存储到 FP-Tree 中。在以后发现频繁模式的过程中，不需要再扫描事务数据库，而仅在 FP-Tree 中进行查找即可，并通过递归调用 FP-growth 的方法来直接产生频繁模式，因此在整个发现过程中也不需产生候选模式。该算法克服了 Apriori 算法中存在的问题。在执行效率上也明显好于 Apriori 算法。

（3）分类回归树算法。分类回归树（Classification And Regression Tree，CART）也属于一种决策树，分类回归树是一棵二叉树。CART 选择分类属性时，按照基尼（GINI）系数值最小的进行选择，选择出来的分类属性需要运用二元递归分裂的方法将内部结构的一个节点分裂成两个节点，从而形成一棵简单的二叉树。因此，分类回归树算法被称为是有效的非参数分类和回归方法。

4. 时间序列分析

时间序列分析（Time Series Analysis）是一种动态数据处理的统计方法。该方法基于随机过程理论和数理统计学方法，研究随机数据序列所遵从的统计规律，以用于解决实际问题。时间序列是按时间顺序排列的一组数字序列，时间序列分析就是利用这组数列，应用数理统计方法加以处理，以预测未来事物的发展。

时间序列分析是定量预测方法之一。它的基本原理为：①承认事物发展的延续性，应用过去数据，就能推测事物的发展趋势；②考虑到事物发展的随机性，任何事物发展都可能受偶然因素影响，为此要利用统计分析中加权平均法对历史数据进行处理。该方法简单易行，便于掌握，但准确性差，一般只适用于短期预测。时间序列预测一般反映趋势变化、周期性变化、随机性变化这三种实际变化规律。

用随机过程理论和数理统计学方法，研究随机数据序列所遵从的统计规律，以用于解决实际问题。由于在多数问题中，随机数据是依时间先后排成序列的，故称为时间序列。它包括一般统计分析（如自相关分析、谱分析等），统计模型的建立与推断以及关于随机序列的最优预测、控制和滤波等内容。经典的统计分析都假定数据序列具有独立性，而时间序列分析则着重研究数据序列的相互依赖关系。后者实际上是对离散指标的随机过程的统计分析，所以又可看作是随机过程统计的一个组成部分。例如，用 $x(t)$ 表示某地区第 t 个月的降雨量，$\{x(t), t=1, 2, \cdots\}$ 是一时间序列。对 $t=1, 2, \cdots, T$，记录到逐月的降雨量数据 $x(1), x(2), \cdots, x(\mathrm{T})$，称为长度为 T 的样本序列。依此即可使用时间序列分析方法，对未来各月的雨量 $x(T+\mathrm{l})$（$\mathrm{l}=1, 2, \cdots$）进行预报。

5. 偏差分析

挣值法又称为赢得值法或偏差分析法。挣得值分析法是在工程项目实施中使用较多的一种方法，是对项目进度和费用进行综合控制的一种有效方法。进度偏差描述的是已完成工作的实际时间与计划完成工作的计划时间差值，成本偏差描述的是已完成工作的预算费用与已完成工作的实际费用差值，挣值法的核心是将项目在任一时间的计划指标，完成状况和资源耗费综合度量。例如，将进度转化为货币或人工时，工程量可以是钢材重量、管道长度或文件页数等。挣值法的价值在于将项目的进度和费用综合度量，从而能准确描述项目的进展状态。

数据挖掘中偏差分析是探测数据现状、历史记录或标准之间的显著变化和偏离，偏差包括很大一类潜在的有趣知识。如观测结果与期望的偏离、分类中的反常实例、模式的例外等。

第四节　多源数据融合技术

在光伏与风力发电系统中，除了各部分分散着海量不同类别、不同应用目的及不同特征的数据外，这些数据通常来自不同的应用系统，包括 SCADA、EMS、WAMS、OMS 等，由于各应用系统独立开发以致无法交互，数据异构且难以共享，形成“信息孤岛”，不利于对数据的统一管理，也不能充分利用数据的价值。如何将这些数据信息特征进行合并，并有规律的集成起来为管理者提供可靠有效的决策或管理策略是数据融合的最终目的。所以有必要将数据融合技术引入海量异构的光伏与风力发电大数据处理当中，为光伏、风力发电及电力系统运营维护提供可靠保障。

一、数据融合及其作用

数据融合最早是应用于金融和军工业领域的一项新兴技术。它能够在设计好的一套完整的算法结构内对所采集的数据按照预定规律进行自动的关联和特征提取，能够更迅速地进行研究对象的状态评估和决策任务的信息处理。数据融合可从数据获取与集成、数据管理、数据分析与决策三个层次进行描述，如图 5-3 所示。

数据融合的作用为：

（1）电力系统中信息采集点在一定范围内感知到的数据可能会存在数据冗余性，将很大程度地占用了有限的带宽资源。

（2）多个采集点使用单通道进行数据传输会间接造成数据拥塞，增大数据处理时延。

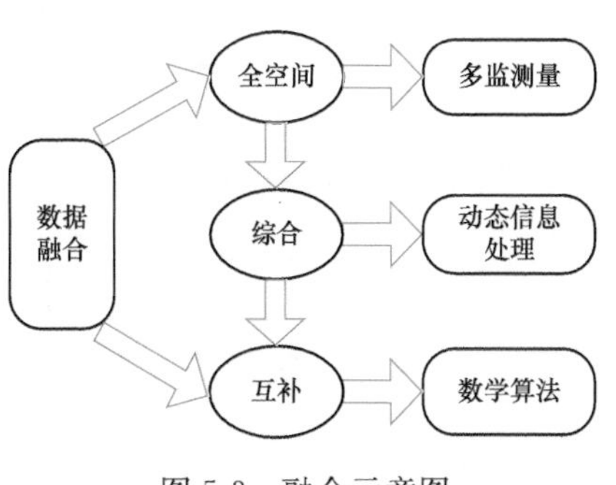

图 5-3　融合示意图

（3）在传感器故障情况下，如果仅仅依赖故障传感器得到的数据会造成差错蔓延，扩大故障范围。

因此通过数据融合对数据进行优化处理，降低数据冗余度、减少拥塞，提高数据处理效率。

二、数据融合处理方式的分类

数据融合典型的处理工作方式主要有集中式处理和分布式处理两种。

(1) 集中式处理如图 5-4 所示。

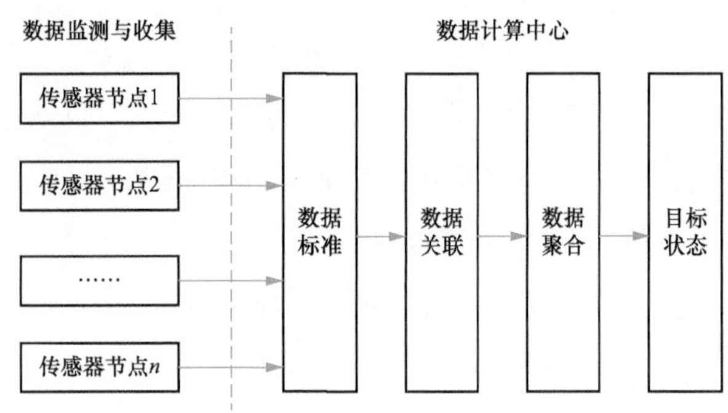

图 5-4　集中式处理

(2) 分布式处理：先将采集的数据进行处理后再融合。这种方式的计算量小，稳定性好，但对局部硬件要求高，且准确率略低。分布式处理如图 5-5 所示。

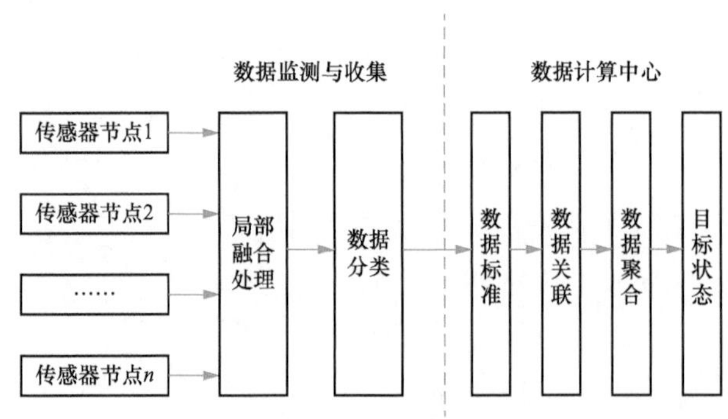

图 5-5　分布式处理

三、数据融合的基本结构模型

针对研究对象的不同特点，数据融合可以有多种不同的聚合体系，如图 5-6 所示。

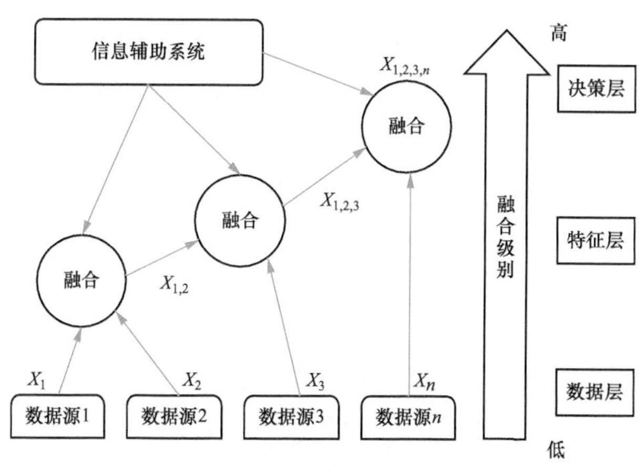

图 5-6　多元数据融合基本结构

数据融合可被形象地理解为：将 X 的 n 个分块信息经变换，其中 X 为未知的实体。根据融合程度不同由低到高依次分为数据层、特征层及决策层融合，如表 5-2 所示。

表 5-2　　数据融合层次

层次	输入	输出
数据层	原始数据	筛选数据
特征层	处理基本数据	特征数据
决策层	提取特征数据	给出最终决策

（1）数据层融合：这一层的融合最基本、最简单。一般采用直接计算方法从所有的监测对象数据源提取研究所需要的特征状态量。虽然所得到的结果更贴近于真实值，但是由于模型限制，在数据层中能分析综合的数据种类要求单一。

（2）特征层融合：该层融合属于中等层次。常规方法是对原有数据源的特征向量进行提取，再与上一层提取的初级融合的特征量进行结合，做关联分析和特征融合。得到几个较大的对状态判断和模式识别起决定作用的特征向量。

（3）决策层聚合：该层融合是所有层次中最高级别的。一般是利用所得决策向量结合相关算法做出分类、推理、识别、判断等决策。

依据当前对电力系统提出的信息共享、可交互、高效率的要求，结合电力系统生产实际构建多元信息融合构架。数据层对应传感测量层，特征层对应电力数据管理层，决策层对应电力系统应用层。传感测量层采集光照、温度、风速等数据，通过网络线路将数据传输到数据融合中心并完成存储和分析处理。

配备了诸如 NoSQL、HDFS 等工具的数据管理层能够对数据进一步存储和分布计算处理，特别是利用 MapReduce 编程模型构建大规模集群点对海量数据进行快速分析。在应用层将数据实现具体应用，以电力系统智能化、信息共享化、故障自愈为目标保障系统平稳可靠运行，如图 5-7 所示。

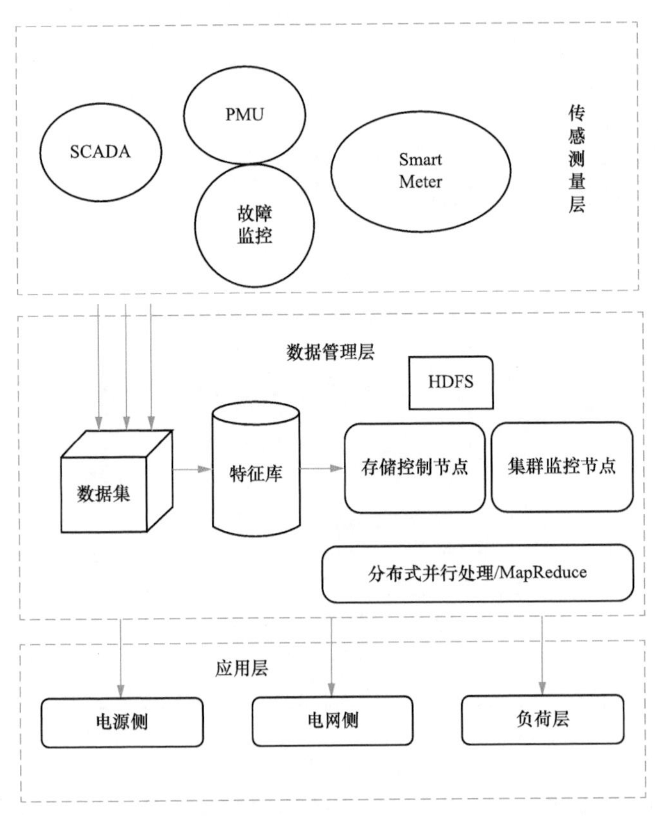

图 5-7　大数据融合构架思路

光伏与风力发电系统覆盖的电力设备各式各样且结构复杂，很多电气量还未能通过仪器直接测得，而需要综合多个可观测的特征向量计算分析才能得出精确的结果。数据融合能对不同来源、模式、时间、地点的数据进行处理，是目前分析电力系统数据最可靠有效的方法。

1. 数据预处理

光伏与风力发电系统数据种类多、数量大、相互关联信息非常模糊，而且所采集的初始数据冗余度高，噪声含量高，因此需要对其进行初步的信号处理、数据分类、数据预处理三个主要环节。

(1) 清洗数据：是将得到的所有数据中无效的、冗余的、缺损的数据进行

清理。

（2）数据统一：规格、模式表示归一化的数据对后续展开的数据融合工作更加有利。

（3）数据压缩：在样本数据的有效性和完整性得到保障的前提下，应该对数据进行适当的压缩，能够节约有限的储存空间并为下一步融合提高计算效率。

2. 数据级融合

光伏与风力发电系统中数据级融合的数据大部分来自多种传感器所采集得到的数据，大致可以分为电气量、过程量和状态量三种。在数据级融合阶段首先要将预处理过后的同类型数据进行二维关联分析，然后根据物理模型、智能算法等进行跨类别的二维关联。通过数据级融合得到结果的准确性能得到有效保证，二维关联数据的形成流程如图 5-8 所示。

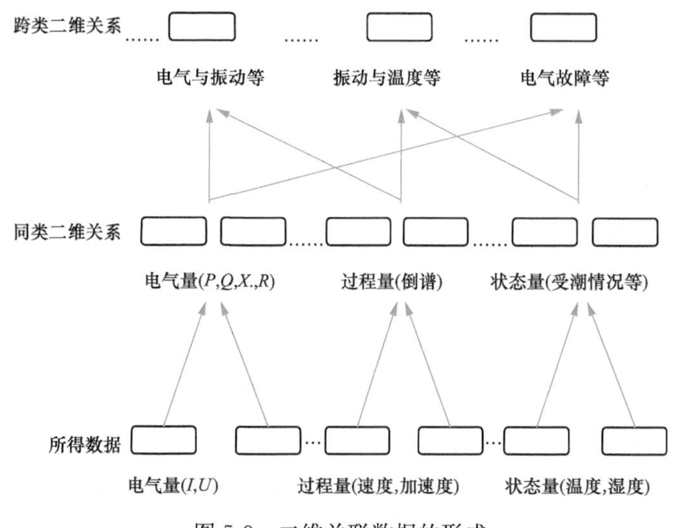

图 5-8　二维关联数据的形成

光伏、风力发电以及电力系统数据级处理时的原始数据源自于电网中先进、可靠的传感器技术，以信息融合要求为目标的聚合。随着监测技术手段的不断发展和对设备运行规律的掌握，这一级别的融合会更加准确全面。作为初级的数据融合有以下特点：

（1）以物理模型为重要基础。如图 5-8 中同类以及跨类二维关系都是可以监测得到或能通过观测器能观的数据。

（2）以信息级融合需求为目标的数据转化。数据级数据按照信息级的需求也同时对数据进行了一系列整理工作，主要有数据的预处理和数据的重新排序及整理，其中数据的重新排序及整理是将数据按照不同的应用目标、属性进行整理筛选，为下一步决策提出做好准备。

3. 信息级融合

经数据级二维关联后的数据，并不能直接作为下一级融合的输入数据，因为这样简单的数据关系，不能够对对象的全部面貌进行全方位的说明。信息层对应的数据管理层是对数据进行进一步的加工，也是数据融合特征层的重要阶段，物理资源上的中间件装载了许多数据处理工具，例如数据集成工具、数据管理工具编程模型。

第五节 集成管理技术

一、数据集成技术

光伏与风力发电系统数据集成管理技术是合并来自 2 个或者多个应用系统的数据，创建一个具有更多功能的企业应用的过程。从集成的角度来说，就是把不同来源、格式、特点、性质的数据在逻辑上或者存储介质上有机地集中，为系统存储一系列面向主题的、集成的、相对稳定的、反映历史变化的数据集合，进而为系统提供全面的数据共享。数据集成管理技术就是为解决电力企业内部各系统间的数据冗余和信息孤岛而产生的。

光伏与风力发电系统大数据的数据集成管理技术，包含关系型和非关系型数据库技术、数据融合和集成技术、数据抽取技术、过滤技术和数据清洗等。大数据的一个重要特点就是多样性，这就意味着数据来源极其广泛，数据类型极为繁杂，这种复杂的数据环境给大数据的处理带来极大的挑战，要想处理大数据，首先必须对数据源的数据进行抽取和集成，从中提取出实体和关系，经过关联和聚合之后采用统一的结构来存储这些数据，在数据集成和提取时需要对数据进行清洗，保证数据质量及可靠性。

在数据集成领域存在很多方式，由于应用业务的特点不同，在数据集成时需要结合具体业务制定数据集成方案。数据集成技术主要有两种类型，即基于中间件的数据集成模式和基于数据复制的数据集成技术。

1. 基于中间件的数据集成模式

中间件由 Mediator/Wrapper（中介器/包装器）组成，该模式是对各类异构

数据源分别进行包装来消除数据源的多样性，中间件模式并不改变数据原来的存储方式和位置，它为异构数据源提供一个统一的虚拟视图，用户向虚拟视图提出查询请求，不必知道各数据源的位置、模式和访问方法。

2. 数据复制技术

基于复制技术的数据集成模式是分布模式的一种，其主要特征是网络节点中存在多个数据副本。数据复制技术可以实现把一个或多个源服务器上的数据拷贝自动传送到本地或远端的一个或多个目的服务器中。也可以说，数据复制技术是一种将集中的信息散布到分布业务环境中多个地点的可靠手段。

二、数据存储技术

1. 传统海量数据存储技术及数据库

传统数据量级增大后，对其存储一般借助于 DAS、NAS 和 SAN 实现。目前传统的海量数据存储技术有以下缺点：

(1) 硬件故障会导致文件无法使用。

(2) 存储系统升级时，会造成较大的影响。每次存储系统的升级，都需要对存储系统中的文件进行备份，当存储系统中的文件备份完成后服务器才能够停止运行，并且直至新设备更换成功后才能够重新启动运行，因此，一次存储系统的升级，需要耗费很长的时间，会造成一些潜在的影响。

(3) 传统的海量数据存储设备进行扩展时，无法精确计算所需要的存储空间，可能会造成对存储设备空间大小的判断失误，出现浪费情况。

作为数据处理中的重要环节，数据库存储技术非常关键，在光伏、风力发电监控领域，数据存储主要以关系型数据库为主，其代表性产品有微软公司的 Microsoft SQL Server、甲骨文公司的 MySQL 和 Oracle。

互联网领域应用一直以来作为数据库技术的主要推动者，早期也主要使用关系型数据库技术实现。传统的关系型数据库是面向行的，由于是以行为单位来存储数据，因此行为单位的读入和读出处理性能较高。在只需要数据表中的一列或几列的时候，关系型数据库不可避免的将所有行都读出米，造成 I/O 资源上的浪费。在光伏、风力发电大数据的管理过程中，以功率预测过程和功率控制过程为例，其只需要特定的几列，比如在功率控制过程和使用时间序列算法进行功率预测过程中，有时只需要表示功率的列。因此，单纯地使用传统的关系型数据库是不合理的，并且很可能成为系统整体性能的瓶颈。

当前业界较多采用的相关存储技术还有以下几种：

1）实时数据存储技术。业界多采用 Kafka 分布式队列（见图 5-9），特点为：①分布式的消息发布-订阅队列系统；②吞吐量可达到每秒数十万条消息；③支持生产者和消费者的负载均衡；④数据持久化存储，保证数据安全。

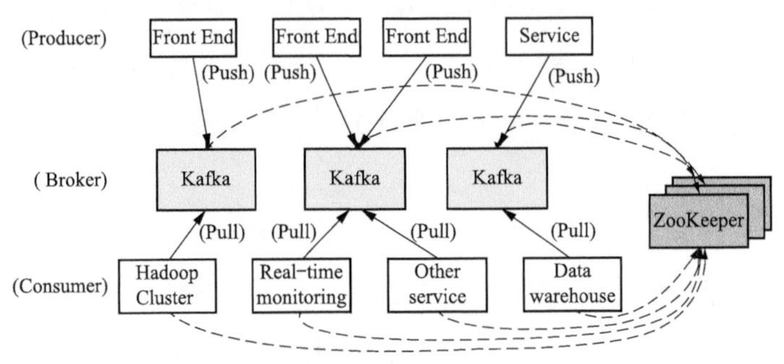

图 5-9　Kafaka 分布式队列原理图

2）离线数据以 Hbase 格式通过 HDFS 存储，特点为：①MR/hive/Hbase 共用一份数据，节省存储；②分布式多副本高容错性，数据安全；③成本低、高扩展性，高传输率数据访问。

3）准实时数据或缓存数据存储于 NoSql 数据库 Mongodb（见图 5-10），特点为：①支持高并发高速读写；②分片复制集，数据安全；③高扩展性，高可用性。

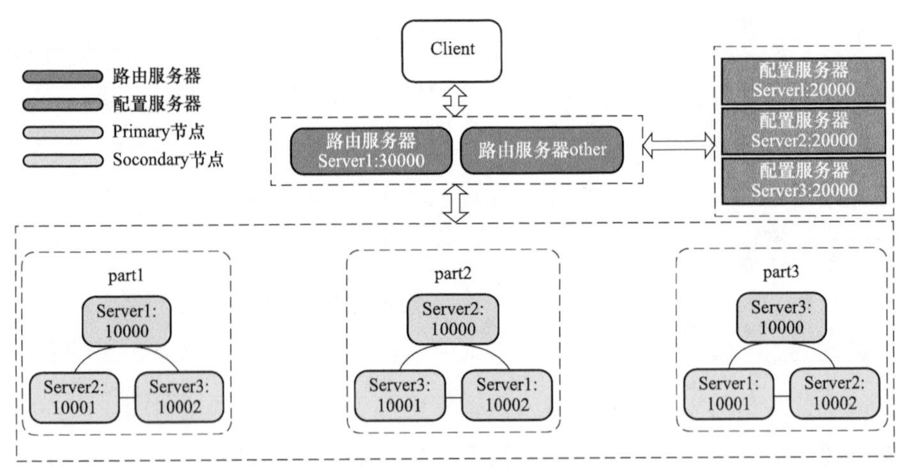

图 5-10　Mongodb 系统原理图

大数据存储管理中还一个重要的技术是 NoSQL 数据库技术，它采用分布式数据存储方式，去掉了关系型数据库的关系型特性，数据存储被简化且更加灵活，具有良好的可扩展性，解决了海量数据的存储难题。代表性的 NoSQL 数据库技术有 Google 的 BigTable 和 Amazon 的 Dynamo 等。

2. 光伏、风力发电大数据存储模型研究

光伏与风力发电系统数据平台汇集场站采集数据、光照、风速等能源资源测量数据、项目信息数据、项目检测数据，所有采集原始数据应存入数据平台的存储设备。随着海量的光伏、风力发电发电数据的积累，需要实现对海量的结构化、半结构化数据的组织与存储。同时，需要对存储设备的容量需求进行分析，并根据需求选择合适的数据存储策略和存储技术。

在此以风力发电数据为例说明间歇性能源大数据存储模型具体实现方式，对于光伏发电数据的存储模型，可采用类似的方式进行处理。基于对风力发电功率预测及调控策略方面的研究可知，需要存储的数据主要有：天气预报数据（风速、风向等）、风力发电机组的实时数据（风速、功率等）、风力发电机组的 15min 平均实时数据（风速、功率等）、风力发电机组的预测数据（短期、超短期的风速、功率等）、每台风力发电机组的专家数据库表、风力发电机组的状态信息表、全局调控目标计划曲线表（功率、时标等）、每台风力发电机组的调控目标计划曲线表（操作、功率、时标等）、风力发电机组的机型信息、错误日志、用户信息（账号、密码、权限等）以及系统的一些配置信息表。在这些需要存储的数据中，有一些需要体量较大的读取操作，如风力发电机组的实时数据（一般为每 5s 1 个数据点，体量大）、风力发电机组的 15min 平均实时数据（需要从风力发电机组的实时数据库计算获取，数据计算量大）、风力发电机组的预测数据（需要保存每个周期的多次预测结果，数据体量较大）以及每台风力发电机组的专家数据库表（计算量大），这些数据应当最终存储在 Hbase 中。而对于其他数据，其数据体量或计算量并不大，这一部分数据应当被放入 MySQL 数据库中。另外，系统的各部分之间存在着体量较小但操作频繁的临时数据交互，因此需要一个稳定可靠的数据缓冲区及有效的事务处理机制。可选择使用具有高并发能力并对大规模数据有着优秀处理能力的 Redis 内存数据库作为系统的数据缓冲区，并以 Redis 数据库为核也建设一个完备有效的事务处理机制，例如在实时数据被采集后先不将其存入 Hbase，而是先将其缓存至 Redis 中，当 Redis 缓存的实时数据达到一定量级后，再将其集中存入 Hbase 中。风力发电机组的 15min 平均实时数据也是类似的操作。

(1) Hbase 数据存储模型的设计。Hbase 新颖的数据存储模型可以在不浪费磁盘空间的情况下将所有的数据都存储在一张表中，比如可以用一张表来存储所有风力发电机组的数据，如表 5-3 所示。

表 5-3　　风力发电机组数据表

表名	行键	列族	列限定符	内容
风力发电机组表	风力发电机组名称	power	Power、Data Time	对应时间的实际功率
		Predicted power	Predicted power、Data Time	对应时间的预测功率
		Wind speed	Wind speed、Data Time	对应时间的实际风速
		Predicted Wind speed	Predicted Wind speed、Data Time	对应时间的预测风速
		Expert power	Expert power、Wind speed	对应风速的专家功率

将所有与风力发电机组直接相关的数据存储在一张表中可以简化编程，但出于性能方面的考虑，一般不会这样设计，因为这将导致表中列族的数量过多，并且每个列族中列的数量相差较大［实际功率与实际风速每个采集周期（一般是 5s）都会有很多新增的列，而预测功率与预测风速每 15min 才会新增一列，与此同时专家功率族中的列数量几乎不变］。因此，Hbase 中风力发电机组基础数据表的设计需要进一步拆分，形成表 5-4。

表 5-4　　风力发电机组数据表结构

表名	行键	列族	列限定符	内容
风力发电机组实测表	风力发电机组名称	power	Power、Data Time	对应时间的实际功率
		Predicted power	Predicted power、Data Time	对应时间的预测功率
风力发电机组预测表	风力发电机组名称	Wind speed	Wind speed、Data Time	对应时间的实际风速
		Predicted Wind speed	Predicted Wind speed、Data Time	对应时间的预测风速
风力发电机组实测表	风力发电机组名称	Expert power	Expert power、Wind speed	对应风速的专家功率

送样的表结构可以避免列族数量过多以及同一张表中的列族中列的数量相差悬殊的问题，此时又发现了新的问题，除风力发电机组专家表外，表中行数量基本保持稳定（行数与风力发电机组数量相同），但列的数量会随着时间的推移不停地增长，最终会影响表的读写效率，因此重新设计了行键以及列限定符。

将列限定符中代表日期的部分移到行键中，即行键由日期与风力发电机组名称共同组成，列限定符则只有时间，这样，表的列数将会保持稳定而行数将会随着时间的推移缓慢增长，符合通常的数据库设计逻辑。对于行键的形式的选择可以是日期—风力发电机组名称、风力发电机组名称—日期两种。由于Hbase中的行是以行键的字典序顺序排列，那么前一种行键的形式会将日期相近的数据放在一起，而后一种将会把同一个风力发电机组的数据放在一起。在风功率管理系统中，更看重最近时间的数据，而不会专注于一个风力发电机组的历史数据，也就是更加注重时间上的相关性，因此采用第一种行键形式，如表5-5所示。

表5-5　　风力发电机组数据表结构

表名	行键	列族	列限定符	内容
风力发电机组实测表	日期-风力发电机组名称	power	Power、Data Time	对应时间的实际功率
		Predicted power	Predicted power、Data Time	对应时间的预测功率
风力发电机组预测表	日期-风力发电机组名称	Wind speed	Wind speed、Data Time	对应时间的实际风速
		Predicted Wind speed	Predicted Wind speed、Data Time	对应时间的预测风速
风力发电机组实测表	日期-风力发电机组名称	Expert power	Expert power、Wind speed	对应风速的专家功率

对于其他要存储在Hbase中的数据，也以同样的思路来设计表的结构，最终这些表的结构如表5-6所示。由于字典序的特性，行键会使新的数据处于数据表的底部，为了使新的数据处于数据表的顶部便于读取，可以把日期改成实际日期与一个与将来很长的一个日期的差值，比如可以将2020/01/01—风力发电机组1改为1000—风力发电机组1而将2020/01/02—风力发电机组1改为0999—风力发电机组1，通过这种方式可以将更新的数据置于数据表的更上层。

（2）MySQL数据存储模型的设计。对于其他的并不需要存在于Hbase中的数据，如设备信息、任务信息及系统用户信息等数据，这些数据就可以被存储在MySQL数据库中。表5-7所示为最终的数据表描述。

表 5-6　　最终数据表结构

表名	行键	列族	列限定符	内容
风力发电场实测表	日期-风力发电场名称	power	Power、Data Time	对应时间的实际功率
		Wind speed	Wind speed、Data Time	对应时间的实际风速
风力发电场预测表	日期-风力发电场名称	Predicted power	Predicted power、Data Time	对应时间的预测功率
		Predicted Wind speed	Predicted Wind speed、Data Time	对应时间的预测风速
天气预报表	日期-风力发电场名称	Weather Forcast	Weather Forcas、Wind speed 等	对应时间的天气预报

表 5-7　　MySQL 数据表结构

表名	表描述
TB _ User _ UserInfo	用户信息表，用于存储用户的详细信息，包括用户编号、用户工号、姓名、密码、所述部口、岗位等信息
TB _ User _ UserType	用户类型表，用于枚举用户的类型
TB _ User _ UserLimit	用户权限表，用于记录用户的权限
TB _ User _ MachineLimit	用户设备权限表，用于存储用户对于设备的可控权限
TB _ Machine _ MachineInfo	设备信息表，用于存储设备的详细信息，包括设备名称、设备地址、设备类型等信息
TB _ Machine _ MachineType	设备类型表，用于枚举设备类型
TB _ Machine _ collectio	设备采集项表，用于记录设备采集项
TB _ Machine _ Faule	设备故障信息表，用于记录设备的故障信息
TB _ Machine _ Control	设备控制项表，用于记录设备控制项

（3）Redis 数据存储模型的设计。Redis 数据库与 Hbase 数据库及 MySQL 数据库最大的不同是，它是以 Key、Value 键值对的方式存储数据，也就是说，Redis 中的每一个 Value 都对应于一个唯一的 Key，通过 Key 即可设置或获取其对应的 Value。由于数据在 Redis 数据库中以 Key、Value 结构存储，在 Redis 数据库中没有 Hbase 数据库和 MySQL 数据库中的数据表概念，在 Redis 数据存储模型的设计中，只需要设计 Key 与 Value 的映射形式，而不用考虑数据表及表之间的关系。

Redis 数据库中的 Value 支持多种形式，Value 可以是字符串、字符串列表、有序或无序的字符串列表或者键值都为字符串的哈希表。但 Redis 数据库并非对所有编程语言提供的 API 都能良好地支持所有除了字符串以外的类型，为了实现上的灵活，在 Redis 数据库中使用字符串的形式存储数据，并在系统中的其他部分对字符串进行解析。在需要使用列表、集合或哈希表等抽象结构作为 Value

时，可以在存储时将 Value 转换为 JSON、XML 或其他自定义格式的字符串，在需要用到 Value 时，再将这些格式的字符串转换回原来的形式。

在具体确定如何将数据转换为 Key、Value 形式存储在 Redis 数据库中以前，应当确定哪些数据应当被存储在 Redis 数据库中。Redis 数据库在整个系统中处于数据交互的中心位置，实时数据、部分历史数据、预测数据及调控算法临时数据等都会先缓存在 Redis 数据库中。而这些数据的共同特点就是规则性较差，应当按照场站、发电单元、数据类别以及时间分类处理，也就是说 Key 应当包含这些信息。

图 5-11 为某风力发电场 A1 001 号风力发电机组在某日的实测功率，Value 部分是以 JSON 形式做的例子。

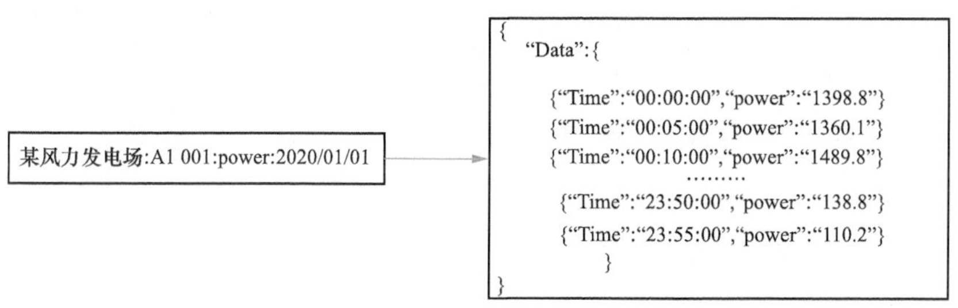

图 5-11　Redis 数据库 Key Value 实例

通过将 Hbase 数据库、内存数据库以及传统的关系型数据库的优势有机地结合起来，能够在节约存储成本的同时提高性能，为上层应用打下坚实可靠的数据基础，从而更好地为间歇性能源的能量管理工作服务。

第六节　安　全　技　术

一、大数据的业务服务体系

为了提高光伏、风力发电系统的可靠性、安全性和效率，构建数字化电网、使用数字化信息和智能化技术、创新能源大数据的业务服务体系已成为目前的发展趋势。开展面向能源生产、流通、消费等环节的新业务应用与增值服务，鼓励能源生产、服务企业和第三方企业投资建设面向光伏、风力发电等能源大数据运营平台，为能源资源评估、选址优化等业务提供专业化服务；

鼓励发展基于能源大数据的信息挖掘与智能预测业务，对能源设备的运行管理进行精准调度、故障诊断和状态检修；鼓励发展基于能源大数据的温室气体排放相关专业化服务；鼓励开展面向能源终端用户的用能大数据信息服务，对用能行为进行实时感知与动态分析，实现远程、友好、互动的智能用能控制等一系列大数据服务体系建设是推动我国能源革命的重要战略支撑，对提升能源国际合作水平具有重要意义，这就使得数据与信息安全问题越来越受到关注。

数据与信息安全是光伏与风力发电系统大数据技术研究与实践的重要前提。但是，光伏与风力发电系统甚至整个能源行业的数据与信息安全要求是不断变化的。数据与信息安全包括确保数据传输系统、信息通信系统的保密性、完整性和可用性的各种措施。这些系统对管理和保护光伏、风力发电系统的电能传输、信息技术和通信基础设施都至关重要。

数据与信息安全需要各种各样的解决方案，并不局限于加密和口令保护。它可能包括对现有系统的安全评估和安全加固、脆弱性评估、入侵检测和事故响应、事件记录与归类及关联。此外，数据与信息安全问题的另外一种理解是认为安全破坏的发生是不可避免的，因此需要开发应急和恢复方案。

二、大数据安全风险和需求

能源大数据在促进光伏、风力发电大规模开发以及能源互联网创新发展的同时，面临的安全挑战主要表现在敏感数据保护、数据脱敏与保护装备缺乏、大数据体系安全验证机理缺失等几个方面。

1. 敏感数据保护

大数据平台中包含多个光伏、风力发电系统生产的大量原始数据。随着大数据分析业务的深入开展，将有更多的分析和应用开发团队使用。数据的融合和共享将带来巨大的商业机会，然而数据在发布、存储、处理、使用等环节存在敏感数据泄露的风险。既要实现不同数据分析团队和应用开发团队间的高质量数据共享与发布，也要保护好数据的安全与隐私，避免敏感数据的非法访问与泄露，这是亟待解决的问题。

2. 数据脱敏与保护装备缺乏

与传统的关系型数据库相比，大数据面临的场景往往要求数据的发布是动

态的，且数据来源众多，总量巨大。如何在数据发布阶段，在保证数据可用的前提下高效、可靠地去除敏感的数据内容，持续评估和降低系统脱敏和监控技术应用对大数据平台并发处理能力、访问用户数及数据量影响，这是亟待解决的问题。

3. 大数据体系安全验证机理缺失

大数据技术体系包括了数据采集、预处理、存储管理、分析挖掘、安全、敏感数据处理、可视化等，技术复杂且发展迅速。平台、组件和算法的选型、应用成果验证往往缺乏有效的方法和技术手段，大数据模型和应用的研发效果也缺乏评价方法和能力。

三、大数据安全标准需求

能源大数据理念是将电力生产、传输等数据及人口、地理、气象等其他领域数据进行综合采集、处理、分析与应用的相关技术与思想。能源大数据不仅是大数据技术在能源领域的深入应用，也是能源生产、消费及相关技术革命与大数据理念的深度融合，将加速推进能源产业发展及商业新模式。面对能源大数据的新模式，为指导和促进大数据在能源行业的应用；同时，根据实际需求及规划，能源大数据应从大数据体系架构、关键技术、集成开发、应用管理、数据管理、数据服务和运行维护等方面制定技术和应用标准规范，形成能源大数据标准体系，指导和规范能源大数据平台和应用建设及其安全运维工作。能源行业大数据的行业标准需求如下。

1. 能源大数据的数据安全类标准

能源行业涉及多个领域，并在各个领域都会将大量的原始数据汇集到大数据平台中。面对海量的数据，数据的分类分级是数据的合理保护的前提和基础。随着新业务模式的发展，数据安全成为一个挑战，能源大数据的分类分级、数据脱敏及数据防护标准是数据融合、数据共享的前提。

2. 能源大数据开放平台类安全标准

随着云计算及大数据的快速发展，基于云架构的企业级大数据平台也成为能源行业各单位建设的重点，同时大数据也成为推动能源行业发展的关键核心技术，在多个领域得到广泛应用。在这种形势下，大数据平台的开放性也为平台安全带来了挑战。因此，有必要建立大数据开放平台安全标准，并使之成为大数据开放平台建设的重要依据。

第七节 数据处理技术

大数据的应用类型很多，从数据存储与处理相互关系的角度来看，电力大数据的数据处理技术主要包括分布式计算技术、内存计算技术、流处理技术等。分布式计算技术是为了解决大规模数据的分布式存储与处理。内存计算技术是为了解决数据的高效读取和处理在线的实时计算。流处理技术则是为了处理实时到达的、速度和规模不受控制的数据。此外根据大数据的数据特征和计算需求，数据处理方法还包括图计算、迭代计算等。

分布式计算是一种新的计算方式，研究如何将一个需要强大计算能力才能解决的问题分解为许多小的部分，然后再将这些部分分给多个计算机处理，最后把结果综合起来得到最终结果。分布式计算的一个典型代表是谷歌（Google）公司提出的 Map-Reduce 编程模型，其核心思想在于两个方面：①将问题分而治之；②把计算推到数据而不是把数据推到计算，有效地避免数据传输过程中产生的大量通信开销。该模型先将待处理的数据进行分块，交给不同的 Map 任务区处理，并按键值存储到本地硬盘，再用 Reduce 任务按照键值将结果汇总并输出最终结果。Map-Reduce 的不足之处是不适应实时应用需求，只能进行大规模离线数据分析。分布式技术适用于电力系统信息采集领域的大规模分散数据源。

内存计算技术是将数据全部放在内层中进行操作的计算技术，该技术克服了对磁盘读写操作时的大量时间消耗，计算速度得到几个数量级的大幅提升。内层计算技术伴随着大数据浪潮的来临和内存价格的下降得到快速发展和广泛应用，EMC、甲骨文、SAT 都推出了内存计算的解决方案，将以前需要以天作为时间计算单位的业务降低为以秒作为时间计算单位，在满足大数据大数据实时分析的需求下的同时解决了计算效率缓慢和知识挖掘的难题。

流处理的处理模型是将源源不断的数据组视为流，当新的数据到来时就立即处理并返回结果，其基本理念是数据的价值会随着时间的流逝而不断减少，因此尽可能快地对最新的数据做出分析并给出结果。其应用场景主要有网页点

击的实时统计、传感器网络、金融中的高频交易等。随着电力事业的发展，电力系统数据量不断增长，对实时性的要求也越来越高，将数据流技术应用于能源生产系统可以为决策者提供即时依据，满足实时在线分析需求。目前广泛应用的流处理系统有 Twitter Storm、Yahoo S4 等。

能源生产大数据应用根据业务特点和对处理时间的要求，来选择数据处理的方式，针对运行监控等业务，由于数据实时性要求高、需要作出迅速响应，可以采用流处理和内存计算；而对于用户用电行为分析等业务，实时性和响应时间要求低，可以采用批处理方式。

第八节　数据展现技术

如何将复杂数据中的多元信息简约化地进行展示称之为数据展现技术。数据可视化、空间数据流展示、历史数据流展示作为具有代表性的数据展现技术，分别从三个不同的角度对复杂的电力大数据进行展示。面对错综复杂的数据，可依靠可视化技术更直观、简约地获取系统数据背后的价值，监测系统的运行状态。

可视化技术主要应用于数据中心的实时监控平台，显著提高了电网运行可靠性和自动化水平。潜在的电力系统可视化主要研究方向是结合复杂网络理论方法在系统内自动结构划分、自动布点，结合数据与系统结构发掘电网更深层次的规律和价值。

空间信息流展示技术主要体现在电网参数与已有地理信息系统的结合上，包含变电站三维展示、虚拟现实等技术。将电力配电设备管理与地理信息系统紧密结合起来，有利于电网管理人员直观地了解设备情况，从而为其决策提供最新的地理信息。在变电站工程设计中用空间信息流展示技术可以节约时间、资源、成本，为电力企业带来巨大的效益。

历史流展示技术体现在对电网历史数据的管理与展示上。在电力系统中，深层次的应用分析往往以历史数据为基础。对生产现场的实时监测数据、电网的规划数据和负荷预测数据，通过历史流展示技术，可以绘制出数据的发展趋势并预测出未来的数据走势；通过历史流回放展示技术，可以模拟历史重大事件发生、演变，挖掘历史事件潜在的知识与规律。

第九节　面向电网的光伏发电综合数据平台研发及应用

一、系统架构

1. 物理结构

面向电网的光伏发电综合数据平台的物理结构如图 5-12 所示。

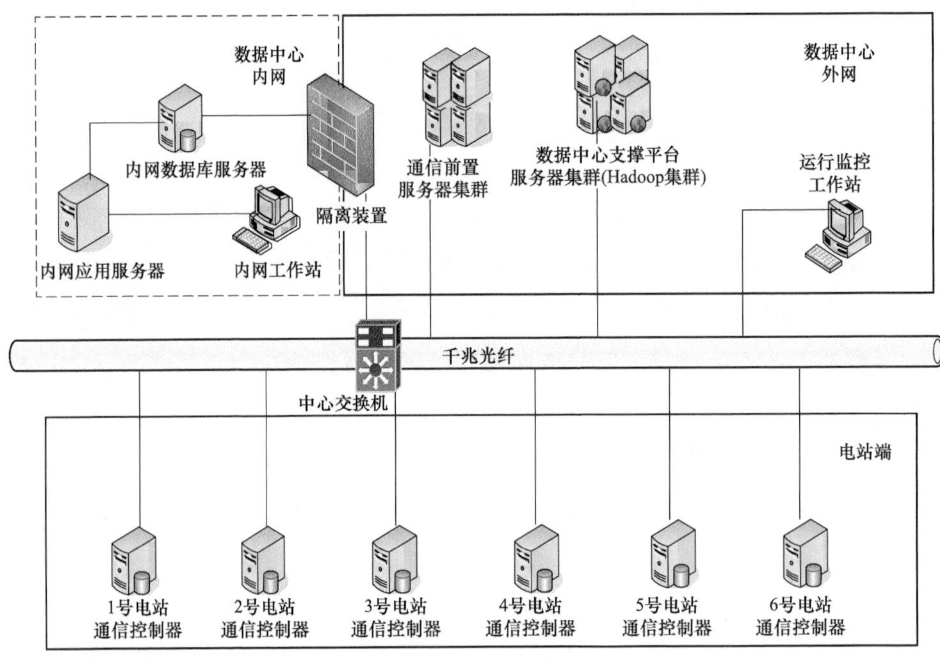

图 5-12　面向电网的光伏发电综合数据平台物理架构

整个数据平台以集中式业务模式部署，即所有的业务系统都被部署在数据中心主站端。场站端只承担本电站数据采集和数值上传主站端的任务，不部署任何业务和数据处理模块。按照业务部署的网络物理层标准，系统可以被划分为电站端子系统、数据中心主站外网子系统和数据中心主站内网子系统。

（1）电站端子系统。部署通信管理机，负责从本电站采集电站设备在线生产数据和气象数据，并上传到数据中心主站。

（2）数据中心主站外网子系统。本子系统是整个数据中心系统的核心部分，部署通信前置服务器集群和支撑平台服务器集群。它负责整个数据中心的数据

处理、核心业务支撑、人机界面等各项功能；为获得对未来产生的海量 TB-PB 级光伏在线数据的采集、转储和分析能力，主站端软硬件架构将引进 Hadoop 技术。即在主站端业务支撑平台部署 Hadoop 分布式服务器集群，通过 Hadoop 集群软件集来实现分布式协调控制（ZooKeeper）、分布式文件系统（HDFS）、分布式数据库（Hbase）、分布式数据仓库（Hive）、分布式数据分析与数据挖掘（Mahout）等各项核心应用功能。为实现与电站端通信控制器进行一对多的实时双工通信，根据接入电站的数量和数据点数，本子系统将部署通信前置服务器集群。

（3）数据中心主站内网子系统。承担数据中心内网数据采集（如电量数据）、内网业务支撑和内网人机界面展示等功能，是主站外网子系统的补充，并提供部分外网业务的镜像功能，也可以为部署在电力内网的其他系统提供数据支持。部署有内网数据库服务器、内网工作站和内网应用服务器。

2. 软件架构

面向电网的光伏发电综合数据平台系统软件体系结构由基础设施层、平台层、应用层三个层次组成，如图 5-13 所示。

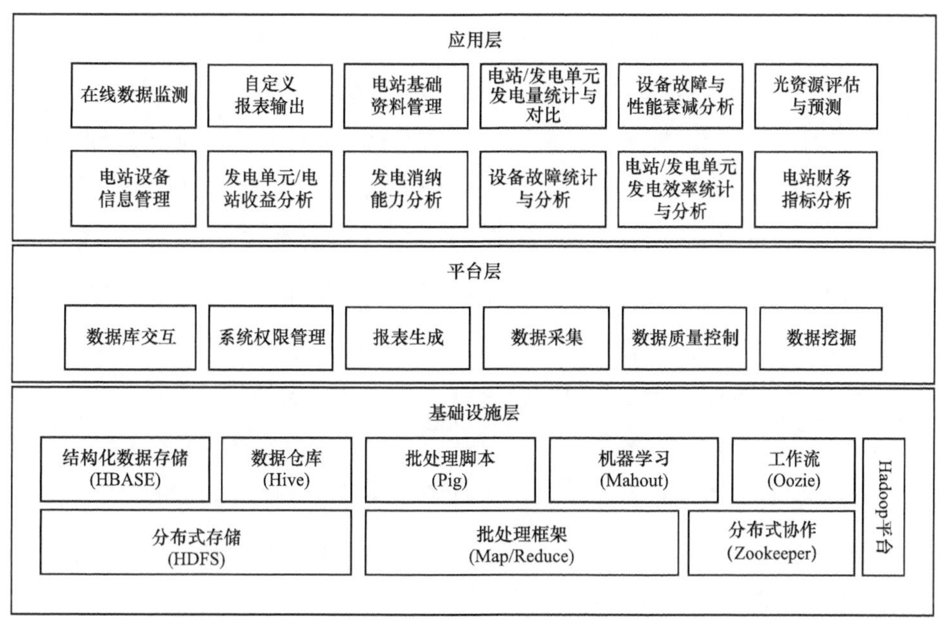

图 5-13　系统软件架构

基础设施层为整个系统的业务逻辑提供运行所需的各种软件基础设施。本系统中将引进 Hadoop 分布式平台作为基础设施层的软件框架。Hadoop 平台以分布式文件系统（HDFS）、分布式批处理框架（Map/Reduce）、协作服务（Zookeeper）为底层平台。基于该底层平台，面向结构化数据存储（分布式数据库系统）的 Hbase、面向分布式数据仓库的 Hive，建立在分布式文件系统之上，为平台层的数据库交互、数据采集中间件提供平台支撑；而建立在 Map/Reduce 框架和 Zookeeper 分布式协作服务基础之上的批处理脚本 Pig、面向数据挖掘和机器学习的基础库 Mahout 以及工作流管理工具 Oozie 为平台层的数据挖掘、数据质量控制等中间件提供编程 API 环境。

平台层是各种业务中间件的集合，为各种业务应用功能的实现提供通用的模块支撑。本系统的平台层建立在 Hadoop 分布式平台之上，运行于 Hadoop 服务框架中。平台层的设计目标是尽可能实现良好的应用功能模块抽象，降低应用层接口对基础设施层的耦合，保证复用性和可扩展性。在基础设施层设计实现发生变更时，不会导致应用层的重大修改。

平台层的中间件模块主要包括系统权限管理、数据挖掘、数据库交互、报表生产、数据采集及数据质量控制等。系统权限管理主要是指提供系统的所有权限服务、日志管理、用户管理等一系列管理功能的中间件。该中间件为应用层的对应人机界面提供业务支持。数据挖掘是指支撑各类数据统计分析和数据挖掘应用的中间件。该中间件一部分以计划任务形式独立运行于操作系统，支持各类离线计算任务。另一部分运行于应用服务容器中，接受应用层的数据分析请求，返回分析结果。数据库交互则为用于支撑在线数据监测功能的中间件。接受由应用层发起的对数据库的查询请求，通过组织查询向数据库提交查询，最终将查询结果返回给应用层。报表生成主要为采用模板定义和模板替换的方式来生成系统各类报表的中间件模块。报表系统兼容了 EXCEL 和 XML 文档的各种操作特点，能够运行在各类操作系统上。数据采集则负责与通信服务器集群交互，实现对电站在线数据、电站基础资料数据和统计数据的采样入库。而数据质量控制则是指基于领域规则、数理统计算法以及人工设置规则，实现对采集数据质量的过滤与标注，确保数据挖掘模块的输入数据的完整性和正确性。

应用层主要包含在人机界面中提供的各类应用功能，以基于 Web 的人机界面方式构建，以 Web 浏览器运行，包括在线数据监测、设备管理、报表配置输出、电站收益率、发电效率分析。

3. 光伏发电海量数据分布式服务框架与分布式存储技术

（1）光伏发电海量数据组织与存储策略。数据组织是按照一定的方式和规

则对数据进行归并、存储、处理的过程。光伏发电具有海量的多源异构数据，为支持各种业务应用对大数据组织的需求，首先必须建立一套符合行业特征，支持多源异构数据的组织与存储方式。首先研究光伏发电数据特性，对数据类型和格式进行分析，主要数据格式包括结构化（如运行数据、故障数据）、半结构化（如故障录波）、非结构化数据（如电站检测数据等）；然后，针对每类数据，通过梳理数据模型，进一步确定数据的存储需求，包括主要用途、存储格式以及存储需求，进而形成结构化数据、半结构化和非结构化数据的整体存储策略。

采用分布式架构，实现对各类型数据（实时数据、批量数据、缓存数据，结果数据，结构化/半结构化/非结构化数据）的海量存储，数据多份冗余、资源可线性扩展。支持分布式文件系统，NoSQL 数据库，分布式队列存储，适应不同的数据类型及数据应用场景。

针对在线运行数据和故障数据为代表的实时数据，以分布式数据采集系统 flume 与分布式队列 Kafka 相结合的采集与存储模式；针对以文件为主的非结构化数据和半结构化数据如检测数据、故障录波数据等，采用 HDFS 存储模型；针对以结构化数据为主的时序数据如电站运行历史数据和故障历史数据，采用以 mongodb/Hbase 为主的键值（Key-Value，kV）存储数据库模式进行自由表结构。

（2）分布式大数据服务技术框架。本平台采用基于 HDFS2.5 的大数据存储和在线服务系统，同时支持 Erasure Code 以及 HDFS 文件加密存储。Hadoop 分布式文件系统（HDFS）是运行在通用硬件上的分布式文件系统。HDFS 提供了一个高度容错和高吞吐量的海量数据存储解决方案。HDFS 在各种大型在线服务和大型存储系统中得到广泛应用，已经成为海量数据存储的事实标准。图 5-14 为 HDFS 实现原理图。

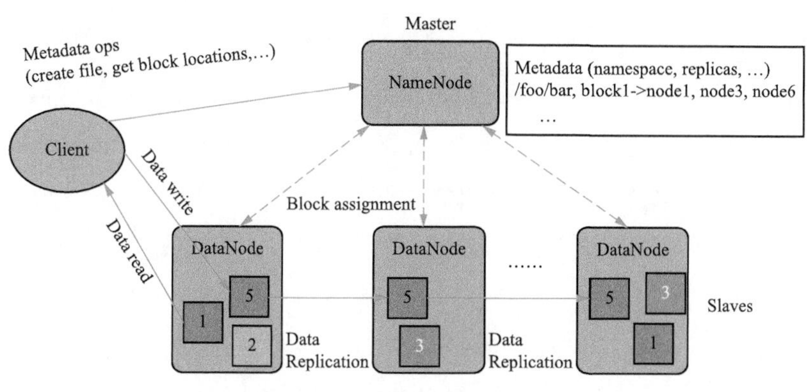

图 5-14　HDFS 实现原理图

HDFS通过一个高效的分布式算法，将数据的访问和存储分布在大量服务器之中，在可靠地多备份存储的同时还能将访问分布在集群中的各个服务器之上，是传统存储构架的一个颠覆性的发展。NameNode管理元数据，包括文件目录树、文件→块映射、块→数据服务器映射表等；DataNode负责存储数据以及响应数据读写请求；客户端与NameNode交互进行文件创建/删除/寻址等操作，之后直接与DataNodes交互进行文件I/O。

采用Namenode HA方案保证HDFS的高可靠性，始终有一个Namenode作热备，防止单点故障问题。采用QJM的方式实现HA，文件系统元数据存储在由JournalNode组成的高可靠集群上。同时当数据量太大导致单个Namenode达到处理瓶颈时，提供HDFS Federation功能，不同的Name Service（由Name node组成）处理挂载在HDFS上不同目录下的文件。

HDFS的每个数据块分布在不同机架的一组服务器之上，在用户访问时，HDFS将会计算使用网络最近的和访问量最小的服务器给用户提供访问。由于数据块的每个复制拷贝都能提供给用户访问，而不是仅从数据源读取，HDFS对于单数据块的访问性能将是传统存储方案的数倍。对于一个较大的文件，HDFS将文件的不同部分存放于不同服务器之上。系统可以从服务器阵列中的多个服务器并行读入，显著增加了大文件读入的访问带宽。通过以上实现，HDFS通过分布式存储的算法，将数据访问均摊到服务器阵列中的每个服务器的多个数据拷贝之上，单个硬盘或服务器的吞吐量限制都可以数倍甚至数百倍的突破，提供了极高的数据吞吐量。

HDFS将文件的数据块元数据信息存放在NameNode服务器之上，文件数据块分散地存放在DataNode服务器上。当整个系统容量需要扩充时，只需要增加DataNode的数量，系统会自动地实时将新的服务器匹配放进整体阵列之中。之后，文件的分布算法会将数据块搬迁到新的DataNode之中，不需任何系统停机维护或人工干预。通过以上实现，HDFS可以做到在不停止服务的情况下实时地加入新的服务器作为分布式文件系统的容量升级，不需要人工干预文件的重新分布。

HDFS文件系统假设系统故障（服务器、网络、存储故障等）是常态，而不是异常。因此通过多方面保证数据的可靠性。数据在写入时被复制多份，并且可以通过用户自定义的复制策略分布到物理位置不同的服务器上；数据在读写时将自动进行数据的校验，一旦发现数据校验错误将重新进行复制。

（3）高性能分布式数据分析框架技术。

1）Spark 计算引擎。Apache Spark 是专为大规模数据处理而设计的快速通用的分布式计算引擎，可用来构建大型的、低延迟的数据分析应用程序。Spark 是加州大学伯克利分校 AMP 实验室（UC Berkeley AMP lab）开源的类 Hadoop MapReduce 通用并行框架，Spark 拥有 Hadoop MapReduce 所具有的优点；但不同于 MapReduce 的是，Job 中间输出结果可以保存在内存中，从而不再需要读写 HDFS，因此 Spark 能更好地适用于数据挖掘与机器学习等需要迭代的 MapReduce 的算法。

Spark 是一种与 Hadoop 相似的开源集群计算环境，但是两者之间还存在一些不同之处，这些有用的不同之处使 Spark 在某些工作负载方面表现得更加优越，换句话说，Spark 启用了内存分布数据集，除了能够提供交互式查询外，它还可以优化迭代工作负载。

Spark 是在 Scala 语言中实现的，它将 Scala 用作其应用程序框架。与 Hadoop 不同，Spark 和 Scala 能够紧密集成，其中的 Scala 可以像操作本地集合对象一样轻松地操作分布式数据集。

尽管创建 Spark 是为了支持分布式数据集上的迭代作业，但是实际上它是对 Hadoop 的补充，可以在 Hadoop 文件系统中并行运行，通过名为 Mesos 的第三方集群框架可以支持此行为。

2）TensorFlow 编程库。TensorFlow 是一个基于数据流编程（dataflow programming）的符号数学库，主要用于各类机器学习算法的编程实现，其前身是谷歌神经网络算法库 DistBelief。

Tensorflow 拥有多层级结构，可部署于各类服务器、PC 终端和网页并支持 GPU 和 TPU 高性能数值计算，被广泛应用于谷歌内部的产品开发和各领域的科学研究。

TensorFlow 由谷歌人工智能团队谷歌大脑（Google Brain）开发和维护，拥有包括 TensorFlow Hub、TensorFlow Lite、TensorFlow Research Cloud 在内的多个项目以及各类应用程序接口（Application Programming Interface，API）。自 2015 年 11 月 9 日起，TensorFlow 依据阿帕奇授权协议（Apache 2.0 open source license）开放源代码。

分布式 TensorFlow 的核心组件（core runtime）包括：分发中心（distributed master)、执行器（dataflow executor/worker service)、内核应用（kernel implementation）和最底端的设备层（device layer)/网络层（networking layer)。

分发中心从输入的数据流图中剪取子图（subgraph)，将其划分为操作片段并启动执行器。分发中心处理数据流图时会进行预设定的操作优化，包括公共子表达式消去（common subexpression elimination)、常量折叠（constant folding）等。

执行器负责图操作（graph operation）在进程和设备中的运行、收发其他执行器的结果。分布式 TensorFlow 拥有参数器（parameter server）以汇总和更新其他执行器返回的模型参数。执行器在调度本地设备时会选择进行并行计算和 GPU 加速。

内核应用负责单一的图操作，包括数学计算、数组操作（array manipulation)、控制流（control flow）和状态管理操作（state management operations)。内核应用使用 Eigen 执行张量的并行计算、cuDNN 库等执行 GPU 加速、gemmlowp 执行低数值精度计算，此外用户可以在内核应用中注册注册额外的内核（fused kernels）以提升基础操作，例如激励函数和其梯度计算的运行效率。

二、数据平台研发及应用

1. 基本功能

(1) 具备直观显示、查看所认证电站的统计信息、地图展示、电站指标对比、设备指标对比以及用户所认证电站的概要信息，包括登录用户认证电站的个数、总装机容量、累计总发电量、累计总减排量以及上月平均 PR 效率、历史发电信息、历史气象信息等。

(2) 具备光资源评估功能，包括日照时数曲线图、太阳资源丰富度图、月均曝辐量与 NASA 数据对比曲线，如图 5-15 所示。

(3) 具备经济性分析功能，输入基本参数、成本费用以及收入与税金，计算出当前电站详细的财务数据。

(4) 具备设备监测功能，根据筛选条件选择不同的设备，监测实时数据。可监测发电单元下的设备，以及主变压器和并网点的实时数据。发电单元下的设备包含逆变器和升压变压器，根据设备的运行状态、所属发电单元组、所属发电单元、型号，可筛选出对应的设备。点击查询后，展示所选择设备的设备列表、全天曲线图与表格，如图 5-16 所示。

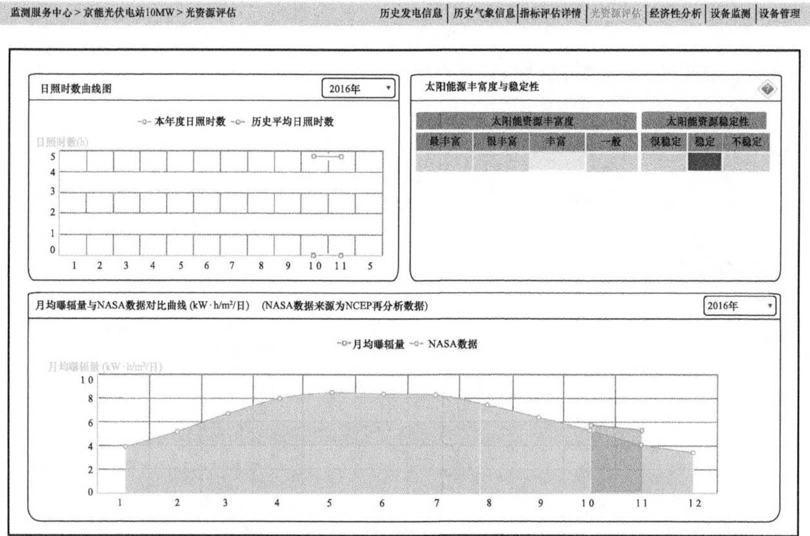

图 5-15　光伏资源评估界面

图 5-16　设备监测界面

（5）具备管理功能，展示光伏组件、汇流箱、逆变器、升压变压器等设备的实时数据以及对部分设备的信息进行修改等。除此之外还可根据设备列表中选择的设备，展示所选定设备所需时间段的曲线图与数据，如图 5-17 所示。

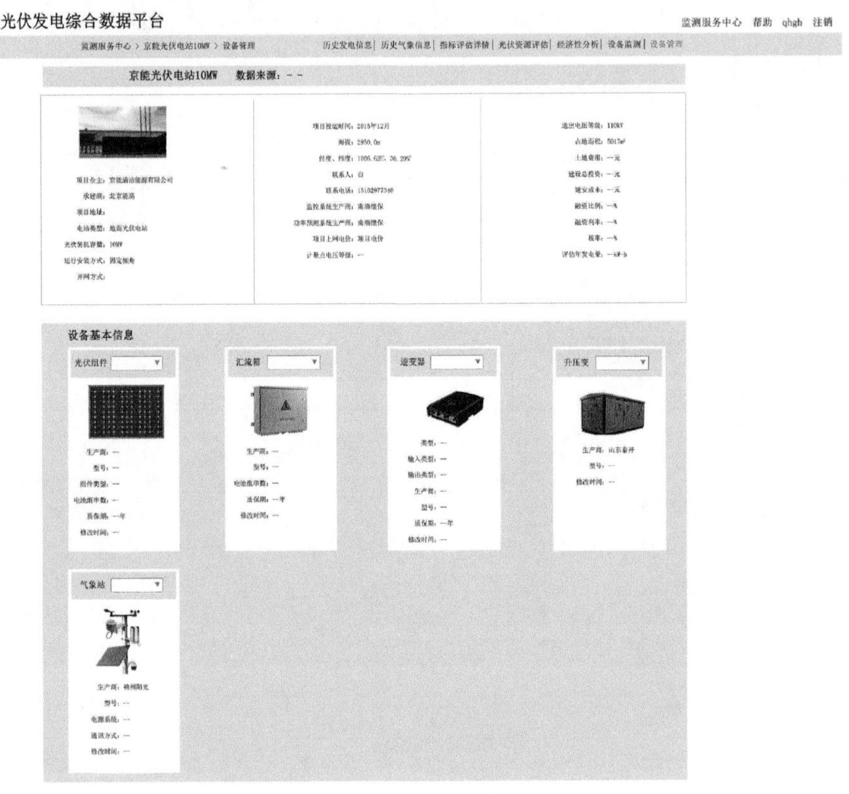

图 5-17　设备管理界面

2. 系统应用

（1）发电预测。光伏发电系统的发电功率与天气状况密切相关，具有随机性，主要受太阳辐射量影响，对天气变化敏感，并网后将会对电网造成一定的冲击，目前对光伏发电的随机性以及光伏阵列发电预测技术的研究较少，是光伏发电大规模应用的难点之一。因此，加强光伏系统发电预测的研究，预测出光伏系统的日发电量曲线，对提高光伏发电利用小时数、协调电力系统部门制定发电计划、减少光伏发电的随机化问题对电力系统的影响具有重要意义。

目前光伏发电预测的方法主要有神经网络法、灰色预测法、多元线性回归法、ARIMA 预测法等。有学者采用太阳逐时总辐射的气象、地理等因素，对太

阳逐时总辐射建立了混沌优化神经网络预测模型，有学者采用每小时的测量信息（太阳辐照强度、温度、压力、湿度、时间）作为输入，来预测每小时的日类型信息，然后由日类型信息计算光伏阵列的输出电能，过程比较复杂。有学者在理论上比较了多元线性回归、灰色理论和神经网络模型用在光伏出力预测中的不同效果，多元线性回归、灰色理论虽然方法较为简单，但预测误差也较大，在天气变化时预测能力也较弱。有学者按季节分别建立四个预测子模型，子模型中将相同日类型的光伏发电功率的历史数据和天气情况一同作为样本，对模型进行训练和发电功率预测，模型将历史发电功率和日平均气温作为输入变量。有学者利用聚类法将天气类型进行分类，将气温、湿度、风速、辐射量等作为 BP 神经网络的输入量，获得了较好的预测结果，但数据维数较大，冗余度比较高。

本平台通过对发电量与气象因素的相关性分析，提出采用主成分分析法对原始数据进行处理，全面分析原来多个输入变量所反映的个体信息，提取出较少的几项综合性变量，即对多维矢量数据提取特征分量，压缩数据维度，降低数据冗余度，得到主成分分量；利用遗传算法优化神经网络的初始权值、阈值，构造网络结构，将得到的主成分分量作为输入量进行预测，并对模型在突变型天气时的准确性进行检验。

1）光伏发电系统的主成分分析模型。主成分分析法是一种多元统计分析方法，将多项指标尽可能压缩为几项互不相关的综合指标（即原始变量的线性组合），降低数据维度。主成分分析通过全面分析原来多个可观测指标所反映的个体信息，提取出较少的几项综合性指标；提取出的综合性指标互不相关，保留了原始变量的绝大部分信息，并能最大限度地反映原始变量所反映的信息，进而利用较少的几项综合性指标来描述个体，通过降维大大简化了问题的分析及资料的搜集整理过程。其主要分析步骤如下。

对某一问题的研究涉及 k 个指标，共有 n 个样本，观测得出的样本矩阵为 $n \times k$ 维。对原始矩阵 X 进行标准化处理，消除指标变量间由于数量级的不同而产生的影响。

步骤 1：根据标准化矩阵 x_1，x_2，…，x_k 计算样本的相关系数矩阵 R；

步骤 2：求相关系数矩阵的 k 个特征值 λ_1，λ_2，…，λ_k 和相应的特征向量 e_1，e_2，…，e_k；

步骤 3：求各个主成分的方差贡献率，计算累积方差贡献率，筛选主成分，当前 m 个主成分的累计方差贡献率达到指标信息反映精度的要求，一般为 85%，求得 m 个主成分 y_1，y_2，…，y_m 代替原始变量，将 m 个主成分作为遗传神经网络模型的输入。

主成分表达式为

$$\begin{aligned} y_1 &= e_{11}x_1 + e_{12}x_2 + e_{13}x_3 + \cdots + e_{1k}x_k \\ y_2 &= e_{21}x_1 + e_{22}x_2 + e_{23}x_3 + \cdots + e_{2k}x_k \\ &\cdots\cdots \\ y_m &= e_{m1}x_1 + e_{m2}x_2 + e_{m3}x_3 + \cdots + e_{mk}x_k \end{aligned} \tag{5-1}$$

式中：$e_i=[e_{i1}, e_{i2}, \cdots, e_{ik}]$，$e_{ik}$ 为原始变量的相关矩阵的第 i 个特征值所对应的 k 维特征向量；X 为 k 维的初始输入变量，$X=[x_1, x_2, \cdots, x_k]^T$。

2）光伏系统发电量相关性因素分析。收集整理国内某光伏电站的发电量与气象信息，包括每小时发电量、环境温度（环温）、环境湿度（环湿）、风速、风向、辐射量、发电量等指标。将以上因素进行相关性分析，相关系数 r 计算式为

$$r = \frac{\sum_{i=1}^{N}(x_i - x)(y_i - y)}{\sqrt{\sum_{i=1}^{N}(x_i - x)^2}\sqrt{\sum_{i=1}^{N}(y_i - y)^2}} \tag{5-2}$$

由此得到的各因素与发电量的简单相关系数，如表 5-8 所示。

表 5-8　　光伏发电量与气象因素相关系数分析

气象因素	环温	环湿	风速	风向	辐射量	发电量
环温	1.00	−0.43	0.24	0.04	0.38	0.36
环湿	−0.43	1.00	−0.17	−0.32	−0.36	−0.37
风速	0.24	−0.17	1.00	−0.12	0.22	0.22
风向	0.04	−0.32	−0.12	1.00	0.06	0.06
辐射量	0.38	−0.36	0.22	0.06	1.00	0.997
发电量	0.36	−0.37	0.22	0.06	0.997	1.00

由表 5-8 可知，发电量与太阳水平总辐照度相关性最大为 0.997；与气温相关性为 0.36，次之；与湿度成负相关性，为-0.37。因此选择太阳水平总辐照度、温度、湿度作为预测模型的输入量，且各变量间存在较强的相关关系因此

有必要进行主成分分析。

3）预测模型结构及工作流程。基于主成分分析的遗传神经网络光伏系统发电短期预测模型结构如图 5-18 所示。首先对历史数据整理，剔除坏数据，将处理好的数据进行主成分分析，提取主成分，求得的主成分作为 GA-BP 预测模型的输入，建立 GA-BP 预测模型，设定初始种群数、遗传代数，遗传算法得到 BP 网络最优权值阈值，BP 网络训练，最后得到预测结果。

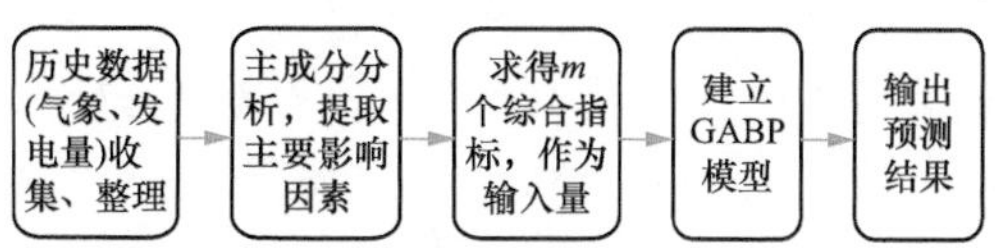

图 5-18　光伏发电预测模型结构

4）光伏系统发电量预测模型的主成分分析。采集整理国内某光伏电站发电量数据及气象监测数据，以夏季数据为例，对预测模型原始输入数据进行主成分分析，寻取主成分。原始数据为：预测日前一天 7：00～18：00 每小时的发电量；预测日前一天 7：00～18：00 每小时的辐射量；预测日的平均温度、平均湿度。共计 26 个输入量，主成分分析结果见表 5-9。

表 5-9　　特征值及方差贡献率

编号	特征值	方差贡献率	累积方差贡献率
1	7.94	32.18%	32.18%
2	7.20	22.53%	54.71%
3	4.05	18.66%	73.37%
4	2.51	10.49%	83.86%
5	1.60	5.13%	88.99%
6	1.07	4.44%	93.43%
7	0.72	2.88%	96.31%
8	0.64	2.28%	98.59%
9	0.18	0.73%	99.32%
10	0.08	0.38%	99.70%
…	…	…	…
26	0	0	100%

由表 5-9 可确定前 5 个特征值的累积方差贡献率已经大于 85%，所以选择 5 个主成分，选定 5 个主成分后，利用式（5-1）计算出新的输入变量，将得到的输入变量输入遗传神经网络中进行预测。

5）遗传神经网络结构。BP 神经网络的函数逼近能力强，通过对训练样本的学习，反映对象的输入、输出间的复杂非线性关系，而不必预先知道输入变量和预测值之间的数学模型，可以方便地计入温度、天气情况、湿度等对光伏发电量有影响的因素作用。单独使用神经网络有许多缺陷，如训练速度慢、易陷入局部极小点和全局搜索能力弱等。遗传算法擅长全局搜索，而神经网络在用于局部搜索时显得比较有效，因此本节将遗传算法和 BP 算法相结合，取两种方法各自的特点。首先用遗传算法对神经网络初始权值进行优化，在解空间中定位出一个较好的搜索空间；然后再采用 BP 算法在这个小空间中搜索出最优解。

使用遗传算法对 BP 网络进行训练优化权值，步骤如下。

步骤 1：随机产生一组具有 M 个个体的种群，每个个体代表一个神经网络的初始权值分布，每个基因值表示一个神经网络的一个连接权值与阈值，则个体的长度为神经网络权值阈值的个数。

步骤 2：根据适应度函数值对个体进行评价，对每个个体进行解码得到一组 BP 神经网络权值阈值，计算出神经网络的输出误差值 E，然后根据适应度函数计算出各个个体的适应值。

步骤 3：选择、交叉、变异遗传操作。

步骤 4：终止条件，达到最大进化代数，或者误差小于设定值。

遗传操作完成后，取在整个遗传操作中得到的最优个体作为神经网络的初始权值，再运用 BP 神经网络进行训练，计算其误差，并不断修改其权值阈值，直至满足精度要求。

6）预测模型设计。图 5-19 为本节提出主成分分析的遗传神经网络发电短期预测子模型 Model1，输入量 y_1，y_2，…，y_5 为主成分法分析计算后提取的主成分；目标量 p_1，p_2，…，p_{12} 为预测日每小时的发电量。

图 5-20 为光伏电站 BP 神经网络发电量预测模型 Model2，输入量 x_1～x_{12} 为预测日前一天 7：00～18：00 每小时发电量；x_{13}～x_{24} 为预测日前一天 7：00～18：00 每小时辐射量；x_{25} 为预测日的平均温度；x_{26} 为预测日的平均湿度。

7）光伏系统发电量预测性能评估。采用每天平均相对误差 MAPE 和均方根误差 RMSE 对发电预测结果评估，MAPE 可以避免正负抵消，评估整个系统的预测能力，RMSE 评估整个系统预测值的离散程度。

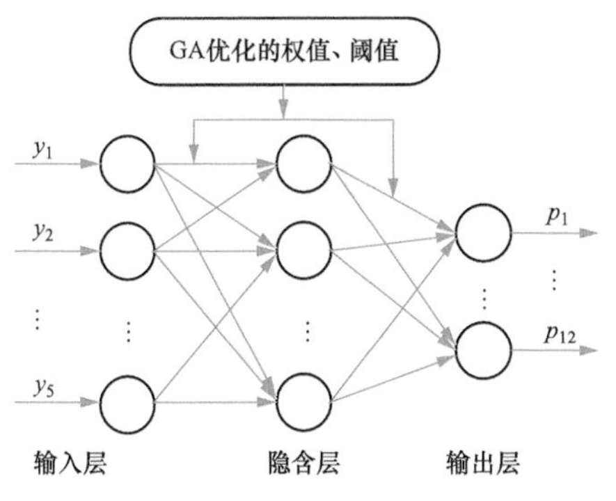

图 5-19　基于主成分分析的遗传神经网络发电短期预测模型

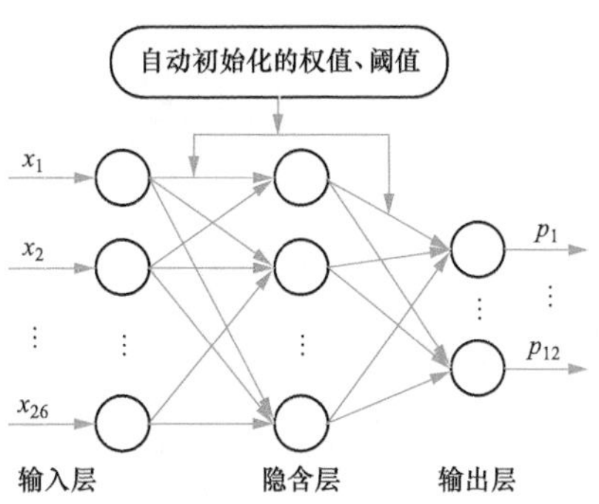

图 5-20　BP 神经网络发电量预测模型

（2）光伏电站运行指标关联规则分析。光伏电站运行数据敏捷分析的主要目的是根据采集的电站运行数据，以某一个或多个运行指标的变化情况，便捷地定位光伏电站生产运行过程中存在的问题，针对薄弱问题提出整改措施，为提升光伏电站综合效率与发电量提供依据。

光伏电站运行指标主要包括太阳能资源指标、电量指标、能耗指标、设备运行指标等。太阳能资源指标包括倾斜面辐射量、倾斜面辐照度；电量指标包括发电量（各支路电表计量的有功电量之和）、上网电量（关口表计量有功之和）、等效利用小时数（在统计周期内，电站发电量折算到该站全部装机满负荷运行条件下的发电小时数）；能耗指标为电站各部分的损耗；设备运行指标包括系统效率（光伏电站上网电量与理论发电量的比值）、性能比（逆变器交流侧电量与理论发电量比值）。

1）太阳能资源指标与电量指标对比分析。在太阳能资源指标和电量指标对比分析的基础上，以电站年度上网电量-辐射量对比图为起点，分析电站各月的综合利用效率，宏观展示电站生产运行情况。针对电站综合利用效率较低的月份，从宏观到微观，逐步深入分析电站辐射量与月上网电量、日上网电量和日负荷曲线之间的对比关系，快速找到影响电量的关键因素，其流程如图 5-21 所示。

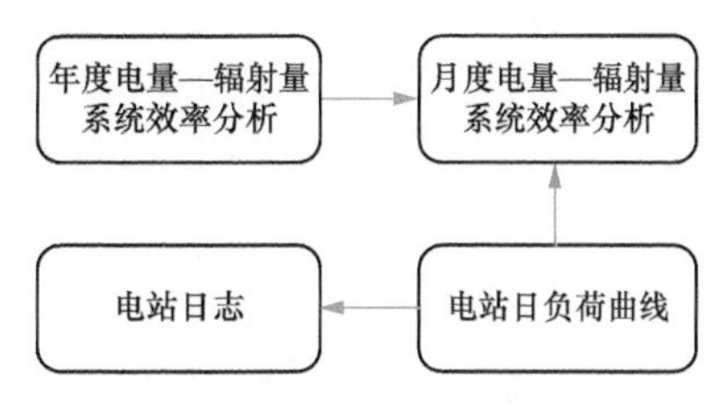

图 5-21　太阳能资源指标与电量指标对比分析流程图

图 5-22 中，当电站综合利用效率低于 75%时，说明太阳能资源利用率低，电量损失严重，电站效益较差。

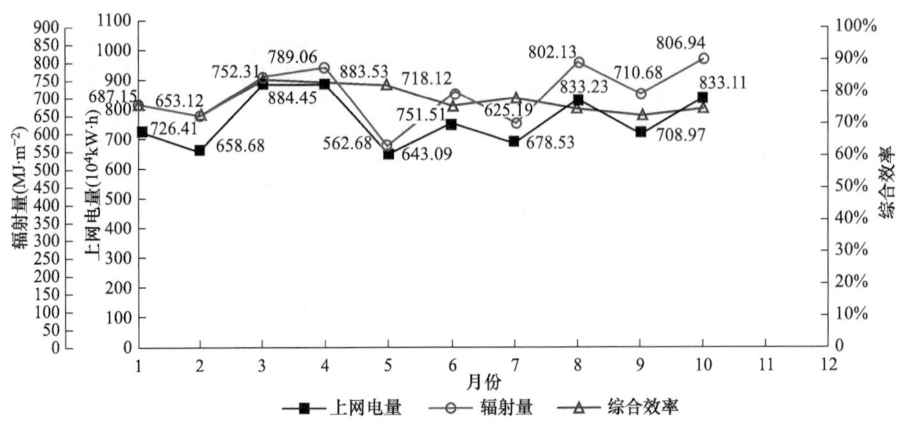

图 5-22　2016 年度各月上网电量—辐射量对比图

2016 年 9 月 17 日电站的上网电量仅为 8.67 万 kWh，综合利用效率为 9 月份最低水平，仅为 23.36%。进一步分析 2016 年 9 月 17 日电站的生产运行数据，对比每 15min 的电站瞬时辐射、逆变器直流功率、逆变器交流功率和电站实际出力数据，发现从中午 12：15 开始，逆变器直流功率、逆变器交流功率和电站实际出力数据都降为 0，电站处于非正常运行状态，如图 5-23 和图 5-24 所示。

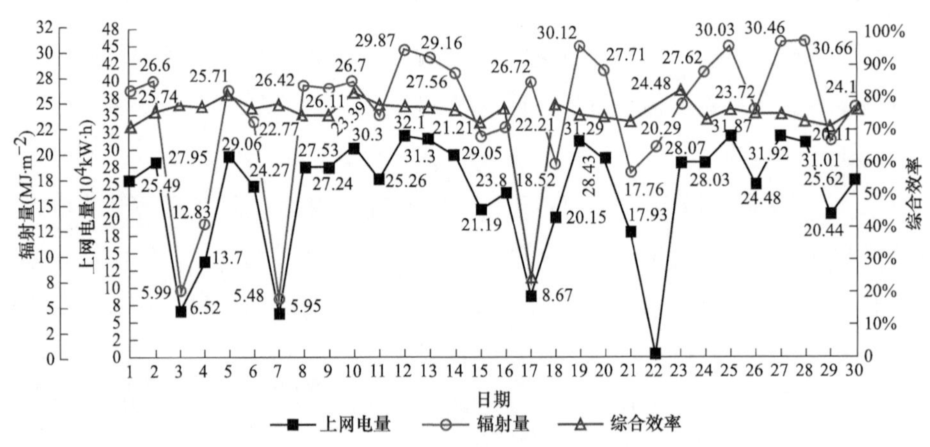

图 5-23　2016 年 9 月上网电量—辐射量对比图

针对 A 电站 9 月 17 日的非正常运行时间段，可查看当天的电站日志。经查，因电站 10kV Ⅰ段母线 C 相金属性接地故障排查工作，于 9 月 17 日 12：10 停运 10kV Ⅰ段母线，并向省调汇报。

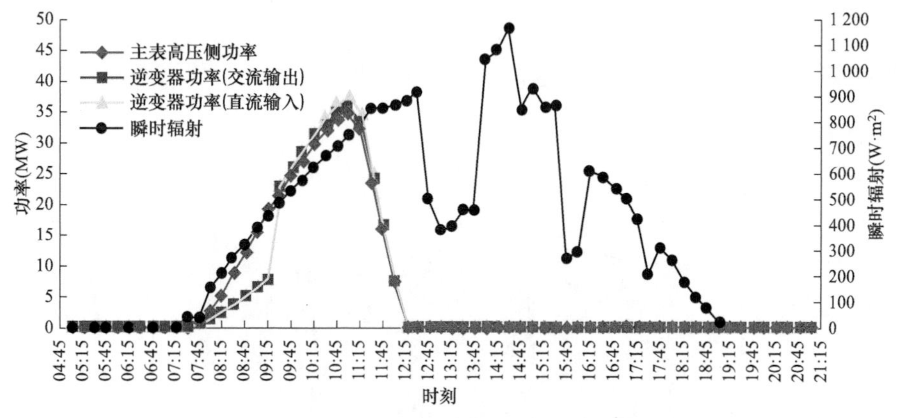

图 5-24　2016 年 9 月 17 日负荷曲线

太阳能资源指标和电量指标对比分析流程从宏观到微观，逐步深入分析电站的太阳能资源指标与电量指标之间的关系，计算月、日综合利用效率，利用超出正常范围的综合利用效率数据快速定位电站的非正常运行时间段，通过查看当天的值长日志，快速找到影响电量的关键因素，准确了解电站的运行情况。

2）电站能耗指标关联分析。在光伏电站能耗指标统计分析的基础上，以当年电站性能分析图为起点，分析电站各月的等效利用小时数和性能比数据，宏观展示电站的生产运行情况。针对电站性能比较低的月份，从宏观到微观，逐步分析电站的月度性能比、日性能比和日负荷曲线之间的关系，快速找到影响电站正常运行的关键因素，针对电站非正常运行时间段，进一步查看当天的值长日志，准确了解当天电站的生产运行情况，其流程如图 5-25 所示。

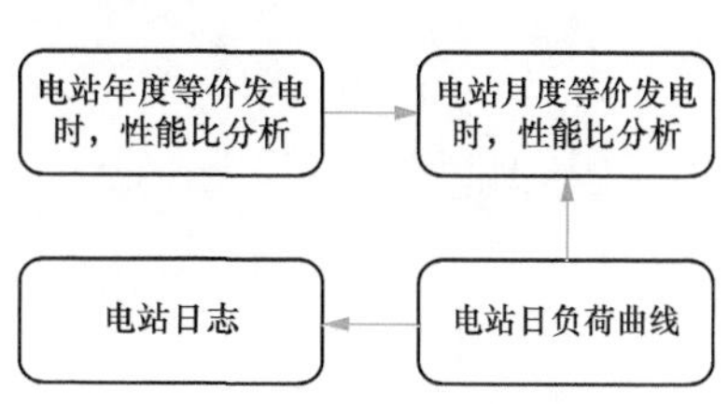

图 5-25　能耗指标分析流程图

仍然以我国西北地区光伏电站 A 的生产运行数据为例，2016 年度电站性能分析情况如图 5-26 所示。图 5-26 柱形图中的绿色部分代表上网电量，其他颜色分别代表电站的各种能量损耗；柱形的总长度代表理论发电量，为上网电量和各种损耗之和。图 5-26 中的红色曲线展示了 A 电站 2016 年度各月的电站性能比计算结果。电站性能比越低、损耗所占比例越大，说明电站的太阳能资源利用效率越低，电站效益越差。由图 5-26 可见，2016 年 9 月电站的性能比为 76.15%，运行情况较差。统计 A 电站 2016 年 9 月的上网电量和各种损耗数据，计算 2016 年 9 月每日的电站性能比指标，绘制 2016 年 9 月的电站性能分析图。进一步分析 2016 年 9 月 17 日电站的生产运行数据，绘制电站2016年9月17日负荷曲线图（见图5-27），找出电站非正常运行时间段，并查看当天的电站日志迅速找出影响电站运行的关键因素。

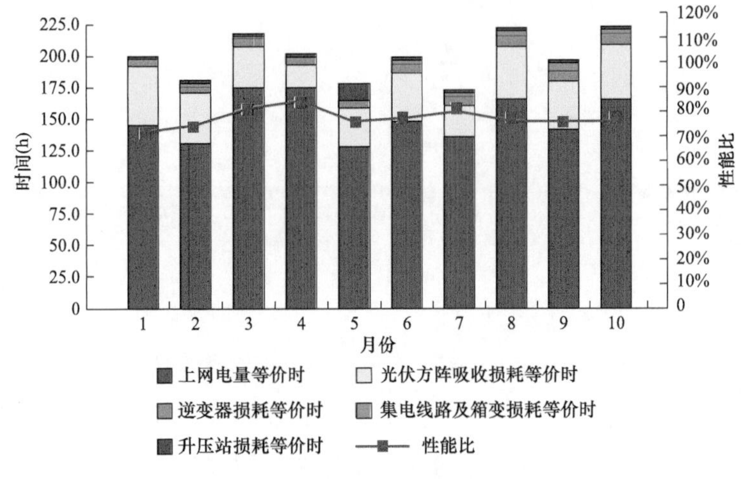

图5-26　电站年度性能分析图

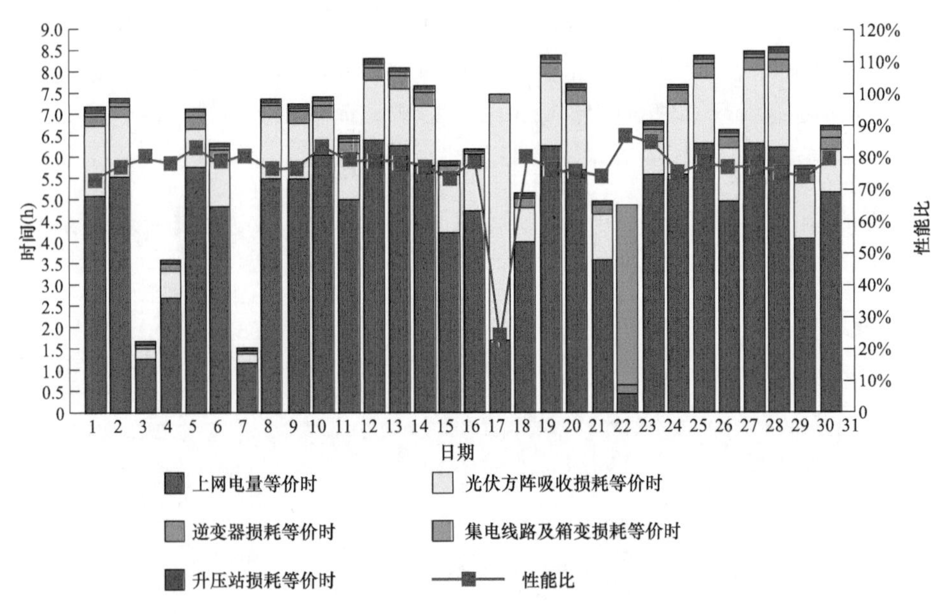

图5-27　电站月度性能分析图

光伏电站能耗指标关联分析流程从电站能量损失的角度，从宏观到微观，逐步进行电站性能分析，计算月、日的性能比指标，利用低于正常运行水平的性能比数据快速定位电站的非正常运行时间，通过查看当天的电站日志，快速

找到影响电站正常运行的关键因素，准确了解电站的运行情况。

（3）光伏电站设备运行数据偏差分析。光伏电站具备明显的“发电单元—箱变—逆变器—汇流箱—组串”层次特点，且呈现出自上而下逐步增多的特点，如某100MW光伏电站，电站由100个1.01MW多晶硅电池子阵组成，拥有200台光伏逆变器、100台箱式变压器、1536台汇流箱及直流汇流支路（组串）约2.5万条。按照常规巡检方式，以2人最大工作量即每日巡检12个子阵计算，某电站100个子阵需17个合格的维护人员才能巡检完成。庞大的工作量，繁琐的工作流程以及设备生产运行过程中产生的大量基础数据，迫切需要新的分析方法。在装机容量相同或折算装机容量相同的情况下，数量众多的同一种类设备发电性能的偏差往往能够体现设备的工作状况或健康状况，因此将离散率的概念引入电站设备性能分析中，以便对光伏电站运行进行指导。

1）光伏电站设备离散率。以光伏电站设备汇流箱为例，汇流箱组串电流离散率是指光伏电站某台逆变器所带汇流箱组串电流的离散率，它反映了该逆变器下所有汇流箱电池组串的整体运行情况，离散率数值越小，说明各汇流箱电池组串电流曲线越集中，发电情况越稳定。

某时刻（j时刻）汇流箱组串电流离散率计算公式为

$$S_j = \frac{\sigma}{\mu} \tag{5-3}$$

$$\mu = \frac{1}{N}\sum_{i=1}^{N} x_i \tag{5-4}$$

$$\sigma = \sqrt{\frac{1}{N}\sum_{i=1}^{N} (x_i - \mu)^2} \tag{5-5}$$

式中：S_j为j时刻某台逆变器下所带汇流箱组串的离散率，也是指统计学中的标准差系数；j为该逆变器所带汇流箱组串电流的采集时刻点，本节选取辐照大于$200\mathrm{W/m^2}$的太阳能辐射较好的时间段进行分析；μ为j时刻该逆变器下所带汇流箱组串电流的平均值；σ为j时刻该逆变器下所带汇流箱组串电流的标准差；x_i为j时刻该逆变器下所带汇流箱第i组串的电流，N为该逆变器下所带汇流箱光伏组串的总数量。

一般情况下，可以针对离散率的不同做出如下的统计分析（以汇流箱电流为例）：

a. 若设备运行数据的离散率取值范围为0～5%，说明该设备数据运行稳定。

b. 若汇流箱组串电流离散率取值为5%～10%，说明汇流箱支路电流运行情况良好。

c. 若汇流箱组串电流离散率取值为10%～20%，说明汇流箱支路电流运行情况有待提高。

d. 若汇流箱支路电流离散率超过20%，说明汇流箱支路电流运行情况较差，影响电站发电量，必须进行整改。

2）偏差分析实际应用。以某地面并网光伏电站2016年4月的实际生产运行数据为例，应用汇流箱组串电流离散率分析方法评估电站的发电情况。该电站在2016年4月份理论发电量385万kWh，实际发电量275.44万kWh，上网电量275.18万kWh，发电量等效利用小时数为137.72h（4.59h/d），系统实际运行综合效率为71.48%。2014年4月该电站发电量趋势变化图如图5-28所示。

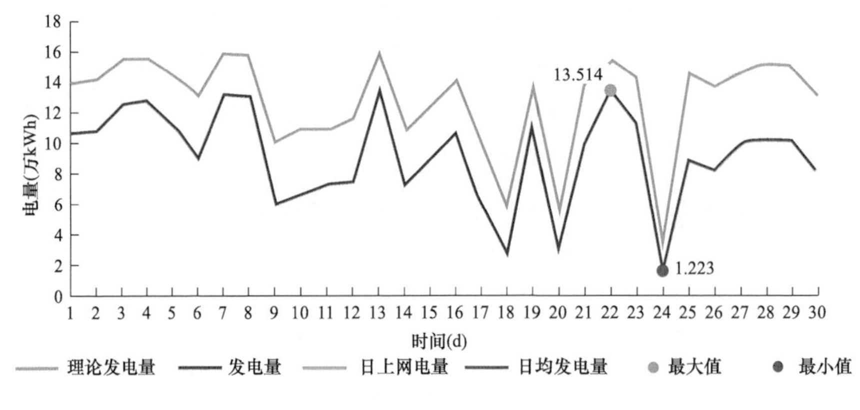

图5-28　2016年4月某光伏电站发电量趋势变化图

由图5-28可见，电站日均发电量9.181万kWh，其中2016年4月22日发电量最高，为13.514万kWh；4月24日发电量最低，为1.223万kWh，两者相差12.291万kWh。分析4月份发电量最高和最低的一天汇流箱组串电流离散率情况，并借此分析电站发电损失情况。

4月22日（电站发电量最高），1台逆变器下的汇流箱组串电流离散率取值范围在0～5%之间，占2.5%；3台逆变器下的汇流箱组串电流的离散率为5%～10%，占7.5%；10台逆变器下的汇流箱组串电流离散率取值范围为10%～20%，占25%；26台逆变器下的汇流箱组串电流离散率取值大于20%，占65%。说明10台逆变器下的汇流箱电池组串运行情况有待提高，26

台逆变器下的汇流箱电池组串运行情况较差，影响电站发电量，必须进行整改。

4 月 24 日（电站发电量最低），8 台逆变器下的汇流箱组串电流离散率为 10%～20%，占 20%；32 台逆变器下的汇流箱组串电流离散率超过 20%，占 80%。说明 8 台逆变器下的汇流箱电池组串运行情况有待提高，32 台逆变器下的汇流箱电池组串运行情况较差，影响电站发电量，必须进行整改。

由 4 月 22 日和 4 月 24 日的离散率统计数据可以看出，4 月 22 日汇流箱电池组串运行稳定性明显优于 4 月 24 日，可见汇流箱电池组串运行稳定性是影响发电量主要因素之一，如何提高汇流箱电池组串运行稳定性是需要解决的首要问题。

3）异常电流组串定位。提高汇流箱电池组串运行稳定性在于消除汇流箱异常组串电流，应用汇流箱组串电流离散率分析方法快速定位电流偏低、为零的异常电池组串，分析该电站 4 月 24 日（电站发电量最低）逆变器下汇流箱组串电流离散率，查看离散率为 10%～20%、大于 20%汇流箱组串电流，通过逆变器实时监测数据定位异常电流组串。其中，4 月 24 日 15 号子阵逆变柜 02 下的汇流箱组串电流离散率为 53.92%，其汇流箱组串电流实时监测数据如图 5-29 所示。由图 5-29 可见，15 号子阵逆变柜 02 下的 05 号、12 号、13 号、15 号汇流箱下 i13、i14、i15、i16 支路电流为 0；09 号汇流箱 i12、i13、i14、i15、i16 支路电流为 0。

15#光伏组件逆变器柜02					汇流箱电流															
时间（hh:mm）	运行状态	日发电量/kWh	直流功率/kW	直流电流/A	合计	汇流箱12（A）							汇流箱12（A）							
						电流10	电流11	电流12	电流13	电流14	电流15	电流16	电流1	电流2	电流3	电流4	电流5	电流6	电流7	电流8	电流9
08:00	正常运行	26.50	35.97	58.30	56.54	0.68	0.60	0.63	0.00	0.00	0.00	0.00	0.58	0.58	0.57	0.59	0.56	0.58	0.56	0.56	0.57
08:30	正常运行	47.30	46.11	74.70	69.36	0.82	0.74	0.75	0.00	0.00	0.00	0.00	0.73	0.72	0.71	0.72	0.69	0.72	0.68	0.68	0.71
09:00	正常运行	76.50	54.06	87.60	79.64	0.91	0.85	0.85	0.00	0.00	0.00	0.00	0.84	0.82	0.83	0.84	0.81	0.82	0.81	0.81	0.83
09:30	正常运行	107.20	49.39	79.50	72.45	0.85	0.77	0.78	0.00	0.00	0.00	0.00	0.76	0.74	0.74	0.75	0.73	0.74	0.72	0.72	0.74
10:00	正常运行	129.30	74.14	117.80	105.52	1.20	1.12	1.13	0.00	0.00	0.00	0.00	1.12	1.11	1.09	1.10	1.09	1.10	1.06	1.06	1.09
10:30	正常运行	157.00	27.57	45.30	45.49	0.58	0.51	0.51	0.00	0.00	0.00	0.00	0.46	0.46	0.45	0.47	0.42	0.47	0.44	0.43	0.45
11:00	正常运行	174.80	27.90	45.80	44.43	0.56	0.48	0.50	0.00	0.00	0.00	0.00	0.46	0.43	0.45	0.46	0.43	0.46	0.43	0.43	0.45
11:30	正常运行	186.90	27.10	44.00	44.32	0.55	0.19	0.21	0.00	0.00	0.00	0.00	0.45	0.42	0.44	0.46	0.42	0.45	0.42	0.41	0.44
12:00	正常运行	194.90	6.14	10.90	277.40	0.26	0.16	0.18	0.00	0.00	0.00	0.00	0.13	0.11	0.10	0.15	0.00	0.13	0.16	0.11	0.10
12:30	正常运行	197.40	4.78	8.30	275.60	0.23	0.31	0.33	0.00	0.00	0.00	0.00	0.15	0.00	0.13	0.11	0.00	0.15	0.15	0.00	0.13
13:00	正常运行	203.40	15.77	24.30	224.83	0.40	0.25	0.28	0.00	0.00	0.00	0.00	0.30	0.25	0.26	0.28	0.26	0.29	0.26	0.24	0.26
13:30	正常运行	211.40	12.05	18.10	284.95	0.35	0.33	0.36	0.00	0.00	0.00	0.00	0.28	0.22	0.20	0.22	0.23	0.22	0.22	0.19	0.20
14:00	正常运行	220.60	19.22	28.30	292.91	0.43	0.36	0.27	0.00	0.00	0.00	0.00	0.38	0.30	0.30	0.30	0.35	0.31	0.30	0.27	0.30
14:30	正常运行	237.10	55.93	80.60	74.50	0.86	0.76	0.83	0.00	0.00	0.00	0.00	0.92	0.81	0.79	0.75	0.89	0.80	0.77	0.73	0.79
15:00	正常运行	264.90	44.65	66.20	64.93	0.79	0.71	0.73	0.00	0.00	0.00	0.00	0.69	0.66	0.68	0.68	0.66	0.67	0.64	0.64	0.68
15:30	正常运行	287.70	48.50	73.20	66.93	0.82	0.72	0.72	0.00	0.00	0.00	0.00	0.71	0.68	0.70	0.71	0.67	0.70	0.67	0.76	0.70
16:00	正常运行	309.10	46.28	70.30	66.53	0.81	0.72	0.75	0.00	0.00	0.00	0.00	0.72	0.69	0.70	0.71	0.67	0.70	0.67	0.66	0.70
16:30	正常运行	322.30	11.41	18.30	286.05	0.36	0.27	0.30	0.00	0.00	0.00	0.00	0.26	0.21	0.22	0.24	0.21	0.25	0.21	0.21	0.22
17:00	正常运行	326.70	11.81	19.20	285.40	0.37	0.27	0.29	0.00	0.00	0.00	0.00	0.24	0.23	0.22	0.25	0.20	0.22	0.21	0.19	0.22
17:30	正常运行	331.20	8.96	14.30	281.75	0.32	0.23	0.25	0.00	0.00	0.00	0.00	0.21	0.18	0.15	0.19	0.20	0.23	0.23	0.17	0.15

图 5-29　4 月 24 日某电站 15 号子阵逆变柜 02 的实时监测数据

2014 年 4 月 24 日 03 号子阵逆变柜 02 下的汇流箱组串电流离散率为 17.85%，其汇流箱组串电流实时监测数据如图 5-30 所示。由图 5-30 可见，4 月

24 日 03 号子阵逆变柜 A 下的 15 号汇流箱 i5 支路电流为 0。查看组串电流离散率大于 10%的其他 38 台逆变器下的汇流箱组串电流实时监测数据，共发现 284 条异常电流组串，其中，280 条电池组串电流为 0，4 条组串电流偏低。

03#光伏组件逆变器柜02					汇流箱电流																
时间（hh:mm）	运行状态	日发电量/kWh	直流功率/kW	直流电流/A	合计	16路汇流箱15（A）															
						电流1	电流2	电流3	电流4	电流5	电流6	电流7	电流8	电流9	电流10	电流11	电流12	电流13	电流14	电流15	电流16
08:00	正常运行	21.10	32.97	56.30	52.54	0.68	0.60	0.63	0.58	0.00	0.57	0.58	0.58	0.58	0.57	0.59	0.56	0.58	0.56	0.56	0.57
08:30	正常运行	35.30	40.11	69.70	66.36	0.82	0.74	0.75	0.72	0.00	0.71	0.72	0.73	0.72	0.71	0.72	0.69	0.72	0.68	0.68	0.71
09:00	正常运行	58.50	44.06	83.60	80.64	0.91	0.85	0.85	0.82	0.00	0.83	0.82	0.84	0.82	0.83	0.84	0.81	0.82	0.81	0.81	0.83
09:30	正常运行	87.20	49.39	75.50	76.45	0.85	0.77	0.78	0.74	0.00	0.74	0.74	0.76	0.74	0.74	0.75	0.73	0.74	0.72	0.72	0.74
10:00	正常运行	109.30	44.14	107.80	105.52	1.20	1.12	1.13	1.10	0.00	1.09	1.10	1.12	1.11	1.09	1.10	1.09	1.10	1.06	1.06	1.09
10:30	正常运行	141.00	65.57	44.30	43.49	0.58	0.51	0.51	0.47	0.00	0.45	0.47	0.46	0.46	0.45	0.47	0.42	0.47	0.44	0.43	0.45
11:00	正常运行	154.80	25.90	41.80	43.43	0.56	0.48	0.50	0.46	0.00	0.45	0.46	0.46	0.43	0.45	0.46	0.43	0.46	0.43	0.43	0.45
11:30	正常运行	166.90	24.10	42.00	38.32	0.55	0.19	0.21	0.45	0.00	0.44	0.45	0.45	0.42	0.44	0.46	0.42	0.45	0.42	0.41	0.44
12:00	正常运行	174.90	5.14	10.00	11.40	0.26	0.16	0.18	0.13	0.00	0.10	0.13	0.13	0.11	0.10	0.15	0.11	0.13	0.16	0.11	0.10
12:30	正常运行	177.60	3.78	7.30	5.60	0.00	0.00	0.13	0.00	0.00	0.13	0.15	0.15	0.10	0.13	0.11	0.13	0.15	0.15	0.12	0.13
13:00	正常运行	183.40	15.77	24.30	24.83	0.40	0.25	0.28	0.29	0.00	0.26	0.29	0.30	0.25	0.26	0.28	0.26	0.29	0.26	0.24	0.26
13:30	正常运行	189.40	10.05	17.00	15.95	0.35	0.33	0.36	0.22	0.00	0.20	0.22	0.28	0.22	0.20	0.22	0.23	0.22	0.22	0.19	0.20
14:00	正常运行	200.60	17.22	26.30	26.91	0.43	0.36	0.27	0.31	0.00	0.30	0.31	0.38	0.30	0.30	0.30	0.35	0.31	0.30	0.27	0.30
14:30	正常运行	217.10	47.93	70.60	69.50	0.86	0.76	0.83	0.80	0.00	0.79	0.80	0.92	0.81	0.79	0.75	0.89	0.80	0.77	0.73	0.79
15:00	正常运行	239.90	38.05	60.20	55.93	0.79	0.71	0.73	0.67	0.00	0.68	0.67	0.69	0.66	0.68	0.68	0.66	0.67	0.64	0.64	0.68
15:30	正常运行	257.70	47.50	67.20	69.93	0.82	0.72	0.72	0.70	0.00	0.70	0.70	0.71	0.68	0.70	0.71	0.67	0.70	0.67	0.76	0.70
16:00	正常运行	276.10	42.28	61.30	55.53	0.81	0.72	0.75	0.70	0.00	0.70	0.70	0.72	0.69	0.70	0.71	0.67	0.70	0.67	0.66	0.70
16:30	正常运行	291.10	11.41	20.30	67.05	0.36	0.27	0.30	0.25	0.00	0.22	0.25	0.26	0.21	0.22	0.24	0.21	0.25	0.21	0.21	0.22
17:00	正常运行	295.70	10.81	19.20	15.40	0.37	0.27	0.29	0.22	0.00	0.22	0.22	0.24	0.23	0.22	0.25	0.20	0.22	0.21	0.19	0.22
17:30	正常运行	300.20	7.96	13.30	15.75	0.32	0.23	0.25	0.23	0.00	0.15	0.23	0.21	0.18	0.15	0.19	0.20	0.23	0.23	0.17	0.15

图 5-30　4 月 24 日某电站 03 号子阵逆变柜 02 的实时监测数据

综上所述，4 月 24 日该电站异常电流组串为 284 条，其中，280 条电池组串电流为 0，4 条组串电流偏低，电池组串的平均发电量为 3kWh。全站正常工作逆变器下的电池组串共 4474 条，总发电量为 1.223 万 kWh。如果所有电流异常的电池组串发电量均达到当日平均发电量水平，则本电站在 4 月 24 日因组串电流异常导致的损失电量为 0.085 万 kWh，若对 284 条电流异常组串进行消缺，电站发电量可提升 6.95%。

（4）区域太阳能资源评估。地表入射短波辐射受天文因子、地理因子、物理因子以及气象因子影响。科学合理的地表入射短波辐射模拟是资源评估的基础，对太阳能利用的规划设计、开发和后期运行维护起着决定性作用。

鉴于卫星遥感数据和数值模拟数据在太阳能资源评估方面的缺陷，以及目前我国含有太阳辐照数据的气象测站严重缺乏的现实，在此提出了一种在无气象测站或气象测站分布稀疏地区，结合气象测站的实时太阳辐照度数据与数值天气预报模拟数据的区域太阳能资源评估方法。该方法的步骤描述如下：

步骤 1：利用数值天气预报生产系统输出西北区域太阳短波辐射产品；

步骤 2：收集分钟级实测气象数据，经严格的数据质量分析，将原始数据文件处理成时间同步的太阳辐射数据产品；

步骤 3：研究分钟级实测气象要素场（Meteorological Elements Field）的时空分布特征。

步骤 4：研究分钟级实测气象要素场和同期数值天气预报太阳辐射模拟场的相互关系分析方法，并在该方法的基础上分析基于分钟级实测气象要素的太阳辐射模拟场订正方法。

在本研究中，区域太阳能资源评估部分所应用的数据主要分为分钟级实测气象数据和数值天气预报数据（Numerical Weather Prediction，NWP）两类。

分钟级实测气象数据主要来自本地分钟级气象要素监测、传输网络，所需数据至少包括总辐射、大气温度、大气相对湿度和气压。为满足本书采用的 SVD 方法应用，将所有可用的监测站群分钟级实测气象数据需处理为距平或标准化距平。

数值天气预报方法是进行区域太阳能资源评估的有效技术手段之一。NWP 的优点主要包括：应用物理方法计算太阳辐射在大气中的传播，定量描述地表入射短波辐射值；资源模拟的空间尺度可选择广，能够进行地区级（如全国、西北等）、地市级或城镇级的太阳能资源情况。但 NWP 在太阳辐射模拟中的不足之处是下垫面属性的描述不够精细，大多为格点范围的经验参数。

书中采用 NWP 与区域分钟级实测气象数据相结合的方法，既考虑 NWP 的物理定量分析方法优势，同时将区域性的实测气象信息融入 NWP 输出产品，通过有效的技术手段得到 NWP 的场修订模型，进而得到更为精确的太阳能资源仿真应用数据。

依照经典奇异值分解（Singular Value Decomposition，SVD）方法和分析思想，将本节研究区域内的气象要素监测站群历史同期分钟级实测气象数据整理作为实况场 $S(x, t)$，站点数 $x=1, 2, \cdots, N_s$，对各实测样本数据处理为距平或标准化距平；将数值天气预报系统输出的同地理范围地表入射短波辐射模拟产品整理为模拟场 $Z(y, t)$，格点数 $y=1, 2, \cdots, N_z$，同样对各格点上模拟数据处理为距平或标准化距平。原则上要求数值天气预报系统与区域气象要素监测站群的系统时间严格统一。

$$\boldsymbol{S}=\begin{pmatrix} x_{11} & x_{12} & \cdots & x_{1t} \\ x_{21} & x_{22} & \cdots & x_{2t} \\ \cdots & \cdots & \cdots & \cdots \\ x_{N_S1} & x_{N_S2} & \cdots & x_{N_St} \end{pmatrix} \tag{5-6}$$

$$
\boldsymbol{\Sigma} = \begin{pmatrix} y_{11} & y_{12} & \cdots & y_{1t} \\ y_{21} & y_{22} & \cdots & y_{2t} \\ \cdots & \cdots & \cdots & \cdots \\ y_{N_Z 1} & y_{N_Z 2} & \cdots & y_{N_Z t} \end{pmatrix} \tag{5-7}
$$

原则上模拟场所包含的格点数量将远大于研究区域内所含站点数量。由于太阳短波辐射在大气中的衰减缺乏时间迟滞性，初步选择实况场与模拟场时间同步的场景进行分析。

两个场的协交叉方差阵为 $\boldsymbol{C}_{SZ} = \langle \boldsymbol{S}\boldsymbol{Z}^T \rangle$，符号〈〉表示求平均。由 SVD，可应用正交线性变换，使得分别对左、右场变化后，找到两个正交线性变换矩阵 L 和 R，使得两个场之间有极大化协方差，即

$$
\mathrm{cov}(\boldsymbol{L}^T\boldsymbol{S}, \boldsymbol{R}^T\boldsymbol{Z}) = \boldsymbol{L}^T\boldsymbol{C}_{SZ}\boldsymbol{R} = \mathbf{MAX} \tag{5-8}
$$

$$
\boldsymbol{C}_{SZ} = \boldsymbol{L}\begin{pmatrix} \Sigma & 0 \\ 0 & 0 \end{pmatrix}\boldsymbol{R}^T \tag{5-9}
$$

设 $\boldsymbol{A}=\boldsymbol{L}^T\boldsymbol{S}$，$\boldsymbol{B}=\boldsymbol{R}^T\boldsymbol{Z}$，其中 $\boldsymbol{A}$ 称为左场的 $\boldsymbol{S}$ 时间系数矩阵，$\boldsymbol{B}$ 称为右场 $\boldsymbol{Z}$ 的时间系数矩阵。$\boldsymbol{L}$ 和 $\boldsymbol{R}$ 的第 k 列向量 l_k 和 r_k（k=1，2，…，r）分别称为第 k 左、右奇异向量，即第 k 对空间型。由线性代数理论，可唯一地求解出满足上述条件的 $\boldsymbol{L}$ 和 $\boldsymbol{R}$，即

$$
\boldsymbol{L} = \begin{pmatrix} l_{11} & l_{12} & \cdots & l_{1N_S} \\ l_{21} & l_{22} & \cdots & l_{2N_S} \\ \cdots & \cdots & \cdots & \cdots \\ l_{N_S 1} & l_{N_S 2} & \cdots & l_{N_S N_S} \end{pmatrix} \tag{5-10}
$$

$$
\boldsymbol{R} = \begin{pmatrix} r_{11} & r_{12} & \cdots & r_{1N_Z} \\ r_{21} & r_{22} & \cdots & r_{2N_Z} \\ \cdots & \cdots & \cdots & \cdots \\ r_{N_Z 1} & r_{N_Z 2} & \cdots & r_{N_Z N_Z} \end{pmatrix} \tag{5-11}
$$

$$
\boldsymbol{A} = \begin{pmatrix} a_{11} & a_{12} & \cdots & a_{1t} \\ a_{21} & a_{22} & \cdots & a_{2t} \\ \cdots & \cdots & \cdots & \cdots \\ r_{N_Z 1} & a_{N_Z 2} & \cdots & a_{N_Z t} \end{pmatrix} \tag{5-12}
$$

$$\boldsymbol{B}=\begin{pmatrix} b_{11} & b_{12} & \cdots & b_{1t} \\ b_{21} & b_{22} & \cdots & b_{2t} \\ \cdots & \cdots & \cdots & \cdots \\ b_{N_Z1} & b_{N_Z2} & \cdots & b_{N_Zt} \end{pmatrix} \tag{5-13}$$

关于空间型或称左、右量场首要的耦合特征，一般采用该模态的协方差贡献率来进行判断。SCF_k（k 模态的协方差贡献率）越大，表示第 k 模态越重要。前 N 个模态的累计协方差贡献率越高，即 $CSCF_k$（前 N 个模态的累计协方差贡献率）越大，越适于应用这 N 对展开的时间系数的相互关系表示左场和右场的相互关系。一般采用贡献率排序还确定模态的重要程度，并采用前若干主要的模态来表示两场之间的主要关系，如果选用的模态数量趋近或等于 N，则可以完全等同于原场。但实际操作中一般只选用前几个累计协方差贡献率可达到显著的情况的模态，而倾向于忽略相对靠后的次要的模态。

SCF_k 和 $CSCF_k$ 的算式为

$$SCF_k=\frac{\delta_k^2}{\sum_{i=1}^{r}\delta_i^2} \tag{5-14}$$

$$CSCF_k=\frac{\sum_{i=1}^{N}\delta_i^2}{\sum_{i=1}^{r}\delta_i^2} \tag{5-15}$$

式中：δ_k 为 k 模态的协方差，δ_i 为模态的协方差。

（5）地表入射短波辐射仿真场计算。这里将地表入射短波辐射仿真场定义为应用分钟级实测气象数据和区域数值天气预报格点数据得到的计算结果，能够用来具体地量化研究区域内一定空间分辨率的地表入射短波辐射空间分布（分辨率与应用的区域数值天气预报格点分辨率一致）。与经验正交分解（Empirical orthogonal functions，EOF）相类似，SVD 方法能够将两个场的耦合关系用一组空间函数（模态）和两个场的时间系数矩阵的线性组合来表示，而当前若干模态的累计协方差贡献率达到特定的显著指标时，即能够用来表示原场特征的近似。SVD 方法具有展开收敛速度快，将大量资料信息浓缩、主要特征剥离的特点。

由于本书应用的方法的重点环节是以地表入射短波辐射模拟场的输入为分钟级实测气象数据，以数值天气预报模拟场的优化订正为目的，以下地表入射短波辐射评估场算法设计将重点解决左场与右场耦合关系的数学表达。

本书中，SVD 中的左场为分钟级实测气象场，右场为数值天气预报模拟场。由 SVD 方法唯一确定的 L 和 R 为正交矩阵，则矩阵变换可为 $S=AL$、$Z=BR$。

当前 N 对模态累计协方差贡献可解释两场协方差大部时，设两列时间系数满足线性关系，即

$$a_k = C_{ok} + C_{1k} b_k k, k = 1,2,\cdots,N \tag{5-16}$$

式中：C_{ok} 和 C_{1k} 为待定系数；a_k 和 b_k 分别为第 k 对左、右场时间系数。则有

$$Z'_{(t+1)} = R\frac{A - C_0}{C_i} = R\frac{L^T S_{(t+1)} - C_0}{C_i} \tag{5-17}$$

式中：$Z'_{(t+1)}$ 为地表入射短波辐射评估场；$S_{(t+1)}$ 是 $t+1$ 时刻区域分钟级实测短波辐射。

通过公式（5-24）可以实现通过分钟级实测气象场 S 对数值天气预报模拟场 Z 进行订正，输出地表入射短波辐射评估场 Z'。

第十节　电能质量数据融合与高级分析应用平台

随着电力改革的逐步深入，电力市场将逐步形成，电能质量问题将是电力市场中的一个主要问题。在电力市场环境下，电能质量问题被赋予了新的含义，是电力企业和电力用户共同面临的重要课题，很多新的概念和方法需要深入的研究。一般情况下，对于满足常规要求的电能质量指标的电力供应，能够满足大多数电力客户的要求，但是，随着电力电子技术的应用以及工业自动化水平的提高，电力客户对电能质量提出了新的要求，特别是许多精密工业对电力的供应则要求更高，国外甚至出现了定质电力园区，电网公司在市场这个大环境下，要满足不同客户特别是大客户对所有电能质量指标的要求。

对电能质量进行全面监测、分析，不仅能够使我们掌握全网的所有电能质量水平与状况，了解运行负荷引起电能质量指标下降的内在规律，发现干扰源负荷的动态时间分布特性，探索不同干扰源负荷在不同运行工况及负荷水平下对电网污染的程度，同时能够使我们取得大量的、翔实的、不同运行工况的现场数据，采用统计规律依照国家标准进行在线评估，从而使电能质量指标参数不仅只有专业人员能够分析了解，同时能够被广大电力工作者、客户、特别是

我们的决策领导层进行分析应用，从而指导电力系统的安全生产，并实现电能质量污染的综合治理。

一、系统架构

针对现有电能质量管理系统存在数据不能共享、信息资源分散，缺乏联动分析和综合对比分析等难题，开展电能质量数据融合与高级分析应用技术研究与实践，系统集成结构如图 5-31 所示。

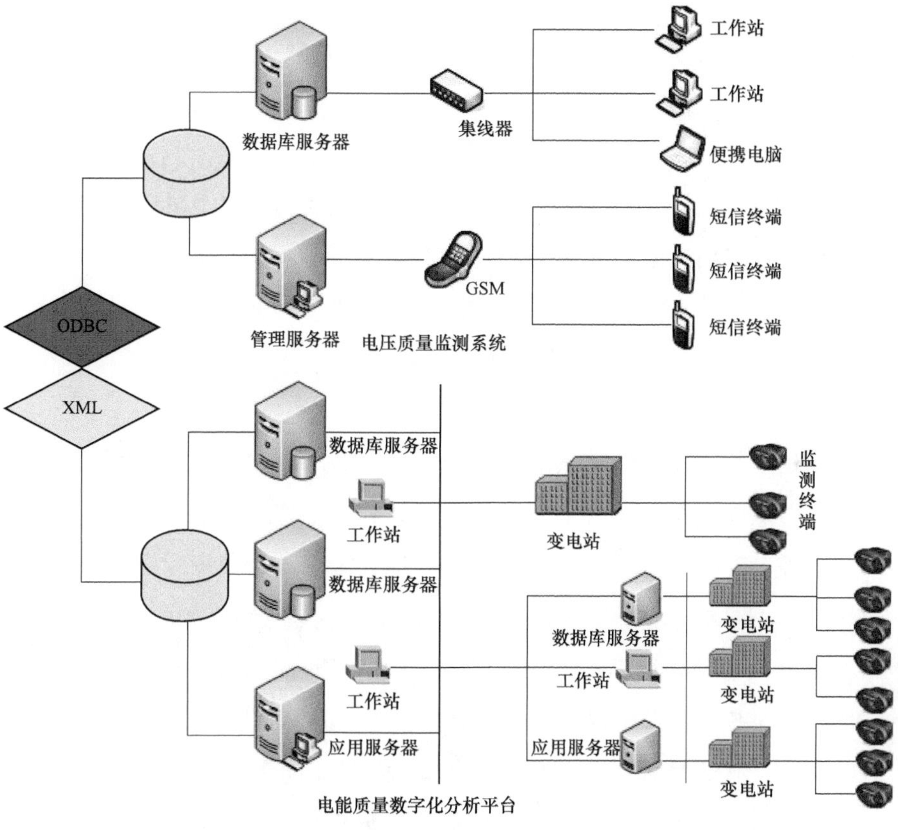

图 5-31　电能质量数据融合与高级分析应用平台结构图

该平台通过开放数据库互连（Open Database Connectivity，ODBC）来实现两个数据库之间的访问和数据检索。同时，利用统一的电能质量数据交换格式（Power Quality Data Interchange Format，PQDIF）为与电能质量有关的数据建立了统一的数据模型，再通过数据接口转换实现电压质量监测系统的电压采集数据和电能质量数字化分析平台的电能质量采集数据信息共享，进行两个系统的数据集成和统一管理与分析。

目前，ODBC 技术可为多个数据库中不同的数据源和信息源之间实现互联互访，这种技术定义了多个数据库不同的数据源和信息源的访问和数据检索获取的过程和结构，例如在不同的数据库之间通过 ODBC 技术，使应用程序可以直接操纵数据库中的数。

1. 数据流程和通信规则

(1) 系统数据流程。电能质量数据融合与高级分析技术应用系统主要是集合电能质量数字化平台的电能质量监测数据与电压质量监测管理系统数据。通过开放后者数据库将系统采集到的数据送到电能质量数字化分析应用主站平台，主站对这些数据处理、存储，供用户查询、统计分析。

(2) 网络通信规则。电能质量数字化分析平台与电压质量监测系统之间使用 TCP 协议交换信息；电能质量数字化分析平台作为连接的客户端，电压质量监测系统作为连接的服务器端；所有的 TCP 连接端口应是可配置的；所有 IP 地址统一分配，电能质量数字化分析平台和与电压质量监测系统之间的连接路直接由以太网络联结，实现两套系统的通信互连。

2. 数据格式和通信规约

(1) 通信规约与数据格式。目前，IEC 61850 为大多数公共实际设备和设备组件建立了对象的数据模型和服务模型，这些模型定义了公共数据格式、标识符、行为和控制，例如变电站和馈线设备（诸如断路器、故障录波器和电能质量监测仪等）。此外，电能质量数据交换格式为与电能质量有关的数据建立了统一的数据模型，它具有很丰富的数据结构，包括了很多的特征参数，例如采样速率、解析率、校正状态、仪器信息以及其他的相关特征数据等。

(2) 数据格式交换标准。可扩展标记语言（Extensible Markup Language，XML）是基于 Internet 数据交换和大量业务集成的标准语言，定义了用于设计数据的文本格式规则、纲要或者约定，可以对复杂对象进行详尽的结构化描述，有助于文件生成和理解，而且 XML 文件是无二义、可扩展的，具有跨硬件平台特点，是广域网中理想的数据交换格式，且 C++、C # 以及 Java 都已支持 XML 文档。因此，电能质量数字化分析平台与电压质量监测系统之间的数据交换采用基于 XML 的通用数据格式交换。

(3) 数据标准通信规约。对于电能质量和电压监测数据交换，采用基于 IEC

61850 XML 的文本格式，电压质量监测系统采集的数据按照 IEC 61850 标准，使用 XML 语言将数据打包成符合统一规范的 XML 文件，然后进行压缩，再按照具体网络通信协议将数据处理后传送到电能质量数字化平台进行综合处理。而对与电能质量有关的测量和模拟数据的交换，则采用基于 XML 的 PQDIF 文件格式。

(4) 数据格式交换过程。基于 XML 的通用数据格式交换的具体实现分为以下三步：首先，电压质量监测数据转换成通用数据格式（如 PQDIF），并存储于中间数据源，监测装置监测系统可以按照自定义的数据通信协议交换数据；其次，系统平台采用 XML 转换器将通用数据格式文件转换成 XML 文件；最后，通用数据格式的文本传递到各级通信服务器后，再由通信服务器传递给相应服务器，完成对 XML 文档的解析，从 XML 文件获取电能质量数据，并建立统一的全电能质量数据库。

此外，电能质量数据交换格式为与电能质量有关的数据建立了统一的数据模型，它具有很丰富的数据结构，包括了很多的特征参数，例如采样速率、解析率、校正状态、仪器信息以及其他的相关特征数据等，还包括高级的层次结构。电能质量数据融合与高级分析技术应用系统集成逻辑结构如图 5-32 所示。

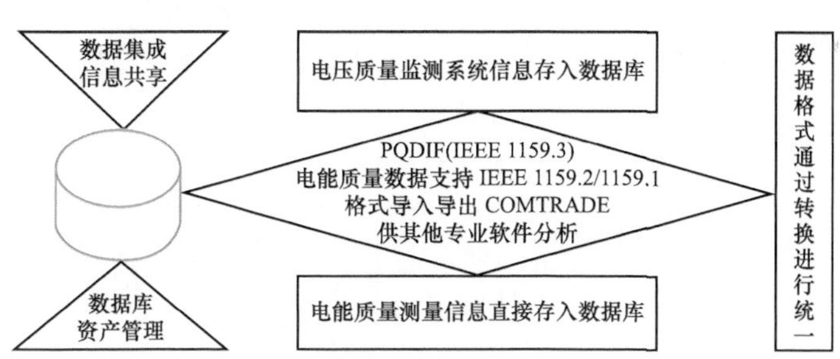

图 5-32　电能质量数据融合与高级分析应用平台逻辑结构图

将电能质量数字化分析平台的电能质量数据同一监测点不同时期和同一时段不同监测点的电能数据进行关联分析；同时将电能质量数字化分析平台的电能质量数据和电压质量监测系统的数据进行关联分析，从而得出它们的因果关系统和发展趋势。将电网电能质量数字化分析平台的电能质量数据及波形图等与电压质量监测的数据与图形进行对比分析，可更直观、翔实地了解电压质量监测系统各个电压监测点电压合格率，并进行各项统计及报表工作。全电能质量数据融合综合管理技术模型如图 5-33 所示。

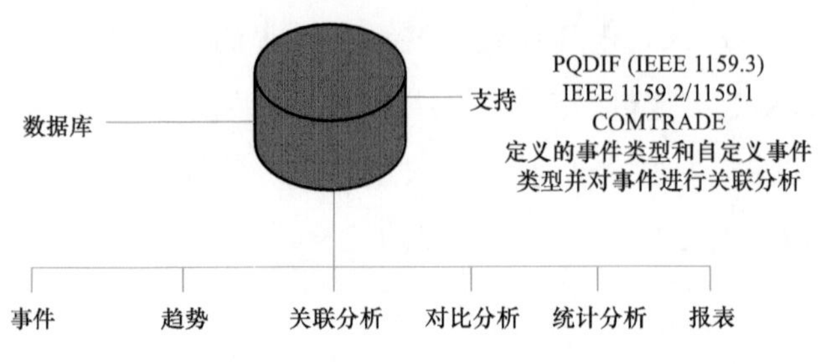

图 5-33 全电能质量数据融合综合管理技术模型

3. 平台主要功能结构

平台主要功能是针对电能质量与电压质量数据进行综合分析，主要包括对比分析、关联分析和综合查询等内容。基于综合分析实现电能质量监测系统数据与电压监测系统数据的互连互通、数据信息集成等。主要功能结构如图 5-34 所示。

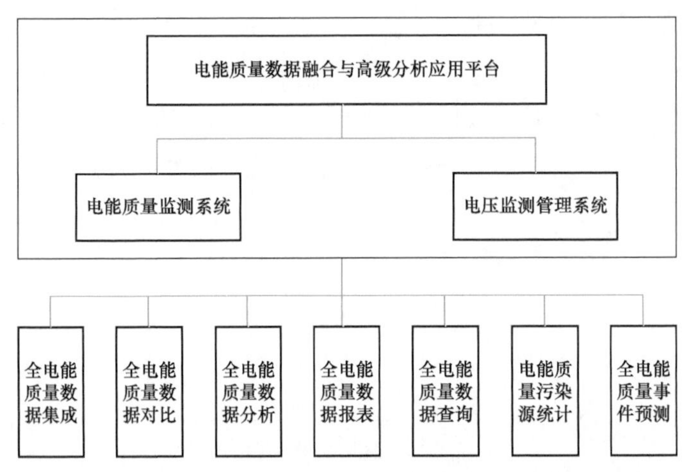

图 5-34 电能质量数据融合与高级分析应用平台主要功能结构图

（1）图形分析。将电能质量数据与电压监测管理系统的数据进行图形化处理，生成趋势图、事件及各种波形图，以利于为事件的发展趋势和综合分析提供更直观评估手段和分析效果。用户可以查看任意时段内各项数据的日变化趋势图、月变化趋势图、季度变化趋势图、年变化趋势图以及任意时间段的变化趋势图，还可以查看各项数据的概率/概率分布图，谐波的频谱图，电压、电流的相量图，幅值/持续时间图（ITIC），统计表，峰值表以及相位表等。所有图形支持任意放大、缩小、拖动以及坐标轴的拆分合并。所有图表数据支持导出

成 Excel 或 Word 格式。

（2）对比分析。通过数据对比分析，可更直观、翔实地了解电压质量监测系统各个电压监测点电压合格率，并自动生成各种报表；实现同一监测点不同时间段、不同监测点同一时间段、不同监测点的电能质量数据放在一起进行对比分析。

（3）关联分析。将同一监测点不同时期和同一时段不同监测点的电能质量数据进行关联分析，从而分析它们的因果关系统和发展趋势，对于电能质量监测所采集的数据，在同一时刻的电能质量事件与不同监测点之间进行关联分析性分析。

（4）综合分析。可实现的主要数据分析功能内容如表 5-10 所示。

表 5-10　　数据分析功能

功能名称	功能内容	要求
数据合理性检查和处理	对上传数据进行判断，包括数据是否连续、数据是否合理等，可以实现坏数据的标识功能	监测电能质量监测系统入数据库的数据，应无不合理数据
稳态电能质量指标分析	（1）国标规定的五项稳态电能质量指标分析（电压偏差、频率偏差、三相电压不平衡度、谐波、闪变），判断是否超过标准限值； （2）对超标数据分析其可能对电力系统产生的影响	依据国标规定的方法进行分析和判断，当国标更新后，提供分析模块更新
暂态电能质量指标分析	（1）可实现电压暂升/暂降、电压中断、脉冲暂态、谐振暂态的分类、统计及记录，记录数据应完整以便对事件数据的深入分析； （2）提供 ITIC 曲线、CBEMA 曲线、SEMI 曲线、SARFI 指标等分析	能够以图形、表格方式提供分析结果

（5）事件记录。电能质量超标记录、超标时间记录、超标同时起动电网其他参数记录；电压上冲下陷、短时电压中断以及其他电能质量超标的波形记录；U、I、P、Q、$\cos\Phi$、f、谐波等的上上限、上限、下限、下下限等几个限值，测量值越限时发出报警（声、光）或控制信号；事件报警、起动波形记录、起动包络线记录；分类记录报警事件的日期和时间；控制操作记录、系统设置记录、通信故障记录；谐波监视结果带时标自动存入数据库长期保存，并可随时打印输出所选择的谐波分析数据。

（6）全电能质量数据统计报表。可针对电压监测系统和电能质量监测系统的数据，根据电压合格率报表格式的要求，按照相关的标准和要求，自动生成电压合格率汇总报表、电压合格率统计清单、电能质量国标报表等，具备电能质量报告及报告批量生成功能，可以同时选择多条或者全部线路，指定开始时间和结束时间，系统就会在服务器端为用户批量创建报告或报表，创建完成后下载到本地，供用户查看。也可事先设定时间系统定时批量生成报告或者报表并下载到本地保存。

（7）全电能质量数据综合查询。构建电能质量数据及电压质量监测系统数据综合管理中心，随时可根据工作的需要了解各个电压监测点及电能质量监测点的电能质量状况和电压合格率，并在此基础上提供面向管理层的综合信息查询系统。

可实现电压监测系统事件查询、电能质量监测系统事件查询、电能质量快速数据查询功能。可按地理空间条件、电网层次结构、对象类型及层次结构特点、对象单个属性条件或多个属性组合条件以及其他方式等多种方式进行数据查询，数据查询内容如表 5-11 所示。

表 5-11　　数据查询内容

类别		备注
图形类	（1）频率及频率偏差趋势图及概率分布图 （2）三相电压/电流有效值趋势图及概率分布图 （3）三相电压偏差趋势图及概率分布图 （4）2～50 次谐波电压/电流谐波幅值趋势图及概率分布图 （5）2～50 次谐波电压/电流含有率趋势图及概率分布图 （6）间谐波电压含有率、幅值 （7）2～50 次谐波电压/电流谱图 （8）三相电压/三相电流谐波总畸变率趋势图及概率分布图 （9）电压/电流的正序、负序、零序分量趋势图及概率分布图 （10）三相电压/三相电流不平衡度趋势图及概率分布图 （11）短时闪变 P_{st}、长时闪变 P_{lt}趋势图及概率分布图 （12）暂态事件录波 （13）定时录波（可选）	可按日、周、月、季度、年度及任意时间显示；响应时间参照归属电网技术规范要求
表格类	（1）基于五项稳态电能质量国标的电能质量综合统计表 （2）2～50 次谐波电压/电流统计表 （3）基于五项稳态电能质量国标的超标统计表 （4）暂态事件统计分析表	超标统计表可按地区、电压等级、负荷类型等多种方式分别统计

（8）电能质量高级分析技术深化应用。

1）电能质量综合评估。电能质量综合评估包括单项指标与综合指标的电能质量评估，使监测项目众多的电能质量指标更具可读性和可比性，使非电能质量专业人员可以清楚地通过评价指标理解实际的电能质量状况。电能质量评估依据相关评价方法，按地区、电压等级、负荷类型等对电能质量的整体及局部指标进行评价，以及评价研究存在的电能质量问题可能会对电网及用户产生的影响，如负序造成的网损增加、谐波可能对电网的产生的影响等。

电能质量综合评估首先是对电压偏差、频率偏差、谐波、电压三相不平衡、电压波动和闪变以及电压暂降按照相应的标准进行单独评估，并进行等级的划分。然后将电能质量问题综合起来，进行综合评估。

电能质量综合评估采用基于投影寻踪与其他方法相结合的方法实现。技术方案实现的基本方法是：

a. 构造投影指标函数。根据电能质量标准产生用于电能质量综合评估的样本数据，包括电能质量指标和对应的评估等级。随机设定一个投影方向，将样本数据中的电能质量指标投影到投影方向上，得到一维投影值。在求解投影值时，要求投影值尽可能大地取电能质量指标中的变异信息，因此取该一维投影值的标准差以及该投影值与评估等级之间的相关系数的乘积为投影指标函数。

b. 优化投影指标函数。采用遗传算法对投影指标函数进行优化，可通过求解投影目标函数最大值来评估最近投影方向。

c. 建立电能质量综合评估数学模型。求出最佳投影方向上的投影值，根据投影值和评估等级之间的散点图，采用曲线拟合的方法，建立电能质量综合评估的数学模型。投影寻踪法能够将电能质量的多指标合理的转化为单一指标的问题，从而实现电能质量指标的综合评估。

2）用户电能质量污染状况和分布统计。具备基于地图信息查询方式的电能质量污染源用户分布预警系统，系统以地图的方式将污染源用户在地图上显示，不同的用户以不同的图标显示，点击用户还可以看到用户的监测数据。

该应用主要是基于地图信息及变电站和监测点分布的区域，把所有监测的变电站、监测线路及监测设备相关信息与地图后台数据接口进行技术开发，使监测系统的位置和配置信息与地图建立完全链接。同时，针对不同区域的电能质量分布情况和污染程度，可采用图形和不同的色标直观地表示。

3）电能质量用户预警。用户预警通过建立一个滑动窗口阈值预警模型，将一段时间采集到的数据输入到模型当中，并且根据窗口阈值来判断污染源用户对电网的影响。

a. 电能质量预警指标为电压偏差、电压总谐波、电压三相不平衡、短时间闪变、电压 2～25 次谐波、电流 2～25 次谐波、负序电流、零序电流、电压暂降。其中电压暂降为暂态指标，其他为稳态指标。

b. 暂态预警思想。统计该天的超标次数和超标总能量，如果超标次数和总能量超过窗口阈值，则给出相应的预警等级，否则与前面正常七天的平均超标次数和平均能量相比，看是否超过阈值，如果超过，给出相应的预警等级。

c. 稳态指标预警算法。稳态指标除了电流负序和零序以外，其他在电流、电压通道表中均能获得其限值。所有电流负序和零序与其他的指标分开考虑。

电压偏差、电压总谐波、电压三相不平衡、短时间闪变、电压 2～25 次谐波、电流 2～25 次谐波的预警流程的预警分为三个层次：超标次数是否超标，95％概率值是否超过阈值以及数据是否有异常，三个层次依次进行，如果超标次数已经超标则不进行后面两个层次的判断，相似的，如果 95％概率值超过阈值，则无需进行数据异常挖掘。

前两个层次可以发现比较明显的电能质量问题，第三个层次则主要是用于某段时间内的数据异常，提前给出预警。对于上面列出的稳态指标，前两个层次的流程都一样，差别在于第三个层次。由于短时间闪变每 10min 一个数据，所以滑动窗口较小；且如果某个窗口内的短时间闪变最大值较大的话，就应该引起重视；对于谐波的话，如果出现一个较大值，是一个正常的现象；但是如果某个滑动窗口内出现许多较大值时，就应该引起重视。这些在预警过程中，都分别进行了考虑。

4）电能质量预测。将监测到的历史数据输入到基于 BP 神经网络的预测模型，经过运算得出预测结果。BP 神经网络也被称为误差反向传播神经网络，BP 神经元是 BP 神经网络最基本的组成部分，其结构如图 5-35 所示。

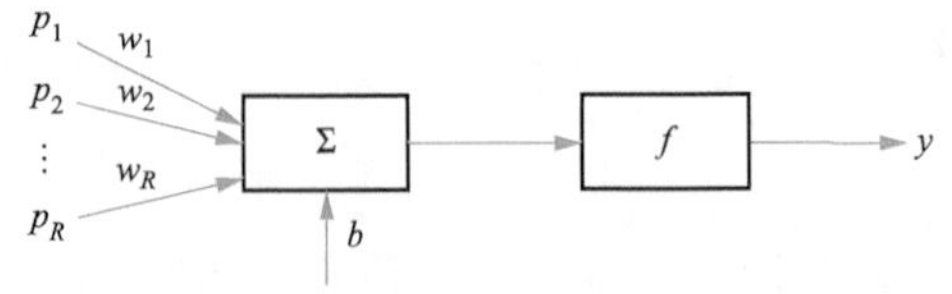

图 5-35　BP 神经网络的神经元模型的结构

图 5-35 中，p_i（$i=1$，2，…，R）为 BP 神经元的输入；w_i（$i=1$，2，…，R）代表 BP 神经元之间的连接权值；$b=w_0$，为阈值；f 为 BP

神经元的传输函数；y 为 BP 神经元的输出；则有式（5-18）成立，即

$$y = f\left(\sum_{i=1}^{R} p_i w_i + b\right) \tag{5-18}$$

基于 BP 神经网络算法的流程图如图 5-36 所示。

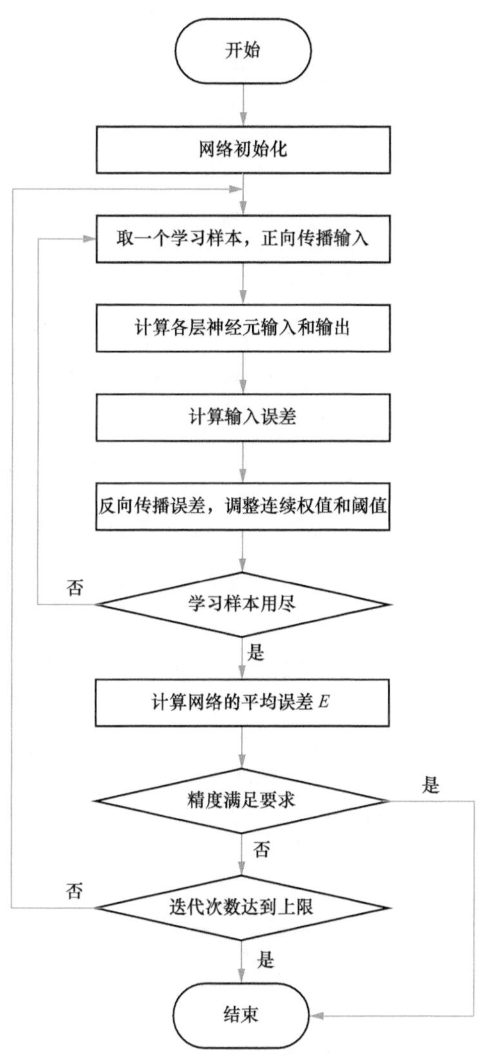

图 5-36　BP 神经网络算法的流程图

基于 BP 神经网络的电能质量预测不依靠专家经验，不需要对输入众多的电能质量监测指标做复杂的相关假设，直接利用输入的历史数据，自动分析和学习历史数据的变化规律来抽样和逼近隐含的输入/输出非线性的关系，得到较高

精度的电能质量短期各项指标预测结果。

5）分析预警。平台实现对每一个监测点进行实时、前一天的电能质量数据(Power Quality Data Interchange Format，PQDIF)、电压监测各点数据进行扫描，分三级报警：一级为指标超标报警（如电压、谐波超标等)；二级为超限报警（如谐波超上限报警110kV以上超过4%)；三级为危机报警［如谐波超上限报警110kV以上超过8%（发射值）危及设备及电网运行］。

4. 数据集成管理

平台的数据库结构采用分布式系统架构模式。在分布式数据库系统中，数据库存储在几台计算中。分布式系统中的计算机之间通过高速私有网络或因特网等通信媒介相互通信。它们不共享主存储器或磁盘。分布式系统的计算机在规模和功能上是可变的，从工作站到大型机系统可以自由增减。

分布式数据库系统一般是分别进行管理，在分布数据库系统中，事务分为局部事务和全局事务。局部事务是仅访问发起事务的站点上的数据的事务；全局事务访问发起事务的站点之外的某个站点上的数据，或者访问几个不同站点上的数据。建立分布式数据库系统最主要的原因是实现数据共享、自治性和数据的可用性。图5-37为分布式数据库系统图。

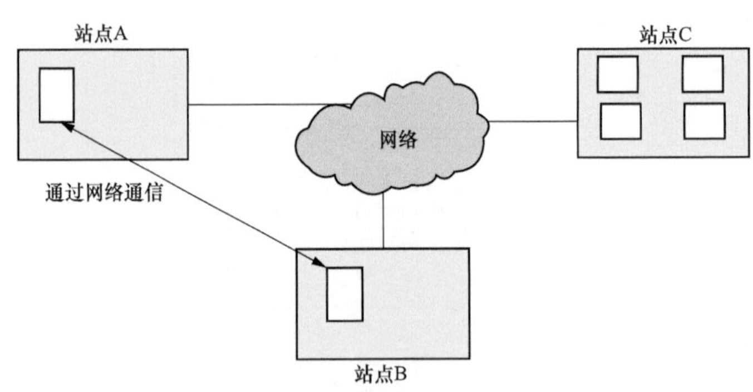

图5-37 分布式数据库系统图

(1) 异构分布式数据库。由于电能质量数据融合的数据库应用需要来自先前存在的电压监测系统的数据库的数据，这些数据库位于异构的硬件及软件环境的集合中。操纵位于异构分布式数据库中的信息需要在已有数据库系统之上增加一个软件层，这个软件层称为多数据库系统。局部的数据库系统可以采用不同的逻辑模型以及数据定义和数据操纵语言，并可以在它们的并发控制和事务管理机制上存在差异。多数据库系统构造了逻辑上集成数据库的一种虚拟，

而不需要将数据库在物理上集成。

（2）电能质量数据融合异构数据库。本系统主要是采用异构数据库的方式对原电能质量监测系统的数据和电压监测管理系统数据首先进和数据库的建设，异构数据库的方法主要采取以下几个方面：

1）数据统一视图：根据原数据库的不同数据模型，使其数据模型统一化。

2）数据查询处理：主要是采用中间件系统，根据异构数据库的数据源提供数据一个集成的全局视图，并提供在全局视图上的查询工具的系统。

3）多数据库中的事务管理：主要是数据库的局部事务和全局事务，确保每个数据库系统的自治性，要求数据库系统自身的软件不能发生变化。

5. 数据融合架构设计

电能质量数据融合所需的业务基础数据，专业系统数据通过数据集成服务采集。主要数据来源于电能质量监测系统数据库和电压监测系统数据库所有的数据，如果数据库中数据不是很完善，数据融合服务会从电能质量监测系统和电压质量监测系统进行采集和上传至电能质量数据融合的数据库中，提供专业化的服务和分析。电能质量数据融合架构如图 5-38 所示。

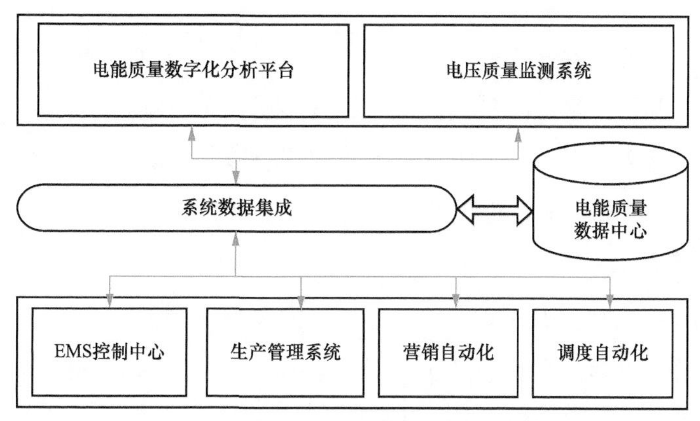

图 5-38　电能质量数据融合架构图

数据融合服务主要提供数据融合所必需的数据库的访问、数据格式转换、数据的传送、收集、翻译、过滤、映射等功能，屏蔽不同的硬件平台、数据库、消息格式、通信协议之间的鸿沟与差异。提供应用到应用之间高效、便捷的通信能力。

本平台采取集中的数据交换架构实现电能质量监测系统和电压监测系统的数据交换、实现和电网公司生产运行管理子系统的数据交换，实现和其他外部应用系统的数据交换，同时实现数据融合分析技术应用平台的数据汇集。

电能质量数据融合与高级分析技术深化应用平台需要提供基于 CIM/CIS 的数据服务。确保规范、标准地进行数据交换。数据集成平台与其他应用系统进行数据交换时，提供符合 IEC 61970 标准的 CIM 以及 CIS 接口组件的模型数据导入/导出服务。

6. 数据融合逻辑架构

电能质量数据融合分析平台是基于 IEC 61968/IEC 61970 规范建立对象模型，整个系统涵盖了数据源适配器、CIM 对象模型管理、数据集成管理、规约转换、系统管理和统一接口管理六大子系统，其中对结构影响最大的是 CIM 模型管理、数据集成和统一接口子系统，CIM 对象子系统主要处理业务数据模型和对象模型的映射匹配，数据集成偏重于对数据的抽取、缓存和加载，统一接口实现对数据的统一发布管理，支撑外部系统对数据的消费。因此整个系统整合了连接池管理、CIM 规范模型、事务处理、数据映射转换、Cath 缓存、系统监控等多项技术，系统逻辑体系架构如图 5-39 所示。

系统逻辑体系架构图反映了系统的技术组成和关键技术的集成框架，以及各个组件之间的业务实现原理。

系统基于多层体系结构设计，采用统一接口发布，通过 Web Service 或者 ODBC 发布，为业务数据消费提供统一的服务能力；采取 CIM 模型规范应用，系统数据处理完全遵循 CIM 的规范思想，解决了数据的统一集成和一致性规范要求；采用信息数据集成整合，可使信息单一存储，减少信息的冗余度。

7. 系统服务设计

(1) 电能质量数据接入服务：电能质量数据融合分析平台对数据源系统提供数据接入服务，通过数据库方式、Web Service 方式、文本数据格式文件方式，将数据接入到电能质量数据融合平台。

(2) 电能质量数据共享服务：电能质量数据融合平台建成后，有大量原始的业务数据，后加工数据，数据集成平台通过开放 DB 连接、Web Servcie 封装数据的形式为电网公司各管理部门应用提供全面的电能质量数据。

8. 电能质量数据融合分析平台接口

数据集成平台对数据源系统进行数据采集，为数据消费系统提供数据，通过以下几类接口进行数据交互。

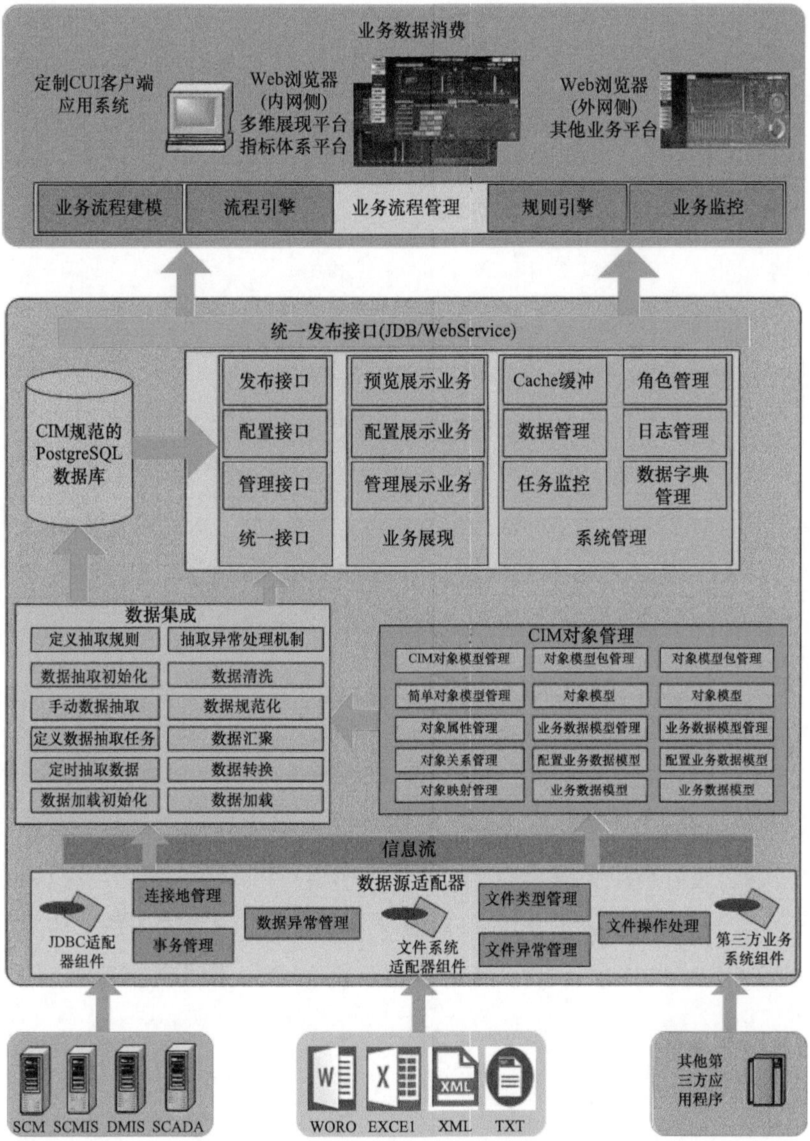

图 5-39 数据融合平台逻辑架构图

（1）Web Service。对接入系统的数据内容和结构进行分析后，事先定义 XML 数据格式，通过主动或者被动的方式进行数据采集。数据采集时，数据源系统将数据生成 XML，传输到数据融合平台，数据融合平台对 XML 进行解析，将数据存入相应的数据模型中。

（2）数据库适配。支持现有主流数据库系统，不同的数据库类型采用不同的数据库适配器进行连接，可以直接读取接入方系统业务数据表，实现数据库数据接入，数据融合平台支持的主流数据库有 Oracle、DB2、Microsoft SQL Server、Sybase、MySQL。

(3) 文件数据。数据融合平台支持自定义数据抽取，处理单元的编写。特定格式文本数据源，如 .txt、.Excel 文件。

(4) 分析文件。电能质量数据融合与高级分析技术深化应用系统平台对上传的文档、图形、表格、文件以及文件类型的电能质量数据进行综合管理和技术分析，并可进行利用高级功能、智能化功能进行分析。

二、平台开发

电能质量数据融合与高级分析应用平台集电能质量监测数据与电压监测系统数据集成于一体。系统平台采用集成总线（Utility Integration Bus，UIB）技术和开放数据库互连（Open Data Base Connectivity）技术。系统各个应用软件相对独立挂在“软总线”上，分布式运行在不同的计算机平台上或相对集中的运行几台计算机上。

系统各服务器可以单独运行，也可以服务器集群方式运行。电能质量数据集成采用开放数据库互连（Open Data Base Connectivity）来完成数据的检索和获取。

其中，全电能质量数据融合应用软件 Oracle 数据库采用异构数据库模式与电能质量数字化分析平台并行运行，同时实现电能质量数据融合与高级分析技术深化应用、电能质量数字化分析平台开发、电压监测管理系统三者并行、互连互通、互不干扰的网络结构。系统软件根据功能的不同和使用方便分为：数据库访问功能、数据查询功能、数据调用功能、数据优化功能、数据处理功能、数据分析功能、图表分析功能、高级应用功能。平台拓扑如图 5-40 所示。

1. 数据访问

主要是采用开放数据库互连（Open Data Base Connectivity）技术访问电压监测系统数据服务器，实现对电压质量数据和用户所需的各类资料信息的检索、查询及数据更新处理等。

2. 数据查询

电能质量数据融合与高级分析技术深化应用系统的数据库互连功能定义一个 API 对电压监测系统数据库的电压数据进行查询，根据电能质量数据融合与高级分析技术深化应用系统功能所发出的指令寻找相应的数据。

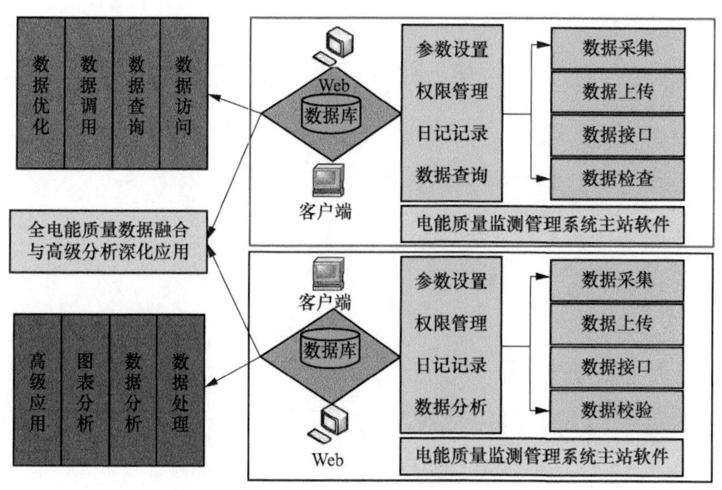

图 5-40　电能质量数据融合与高级分析应用平台拓扑图

3. 数据调用

根据全电能质量数据融合的要求，按照相应的时间段以及监测点定时调用电压监测系统数据库的数据并上传到电能质量数据融合与高级分析应用平台的数据库。

4. 数据优化

主要采用基于 IEC 61850 XML 的文本格式，即对调用的电压数据进行整合和格式转换，包括电压的参数、功能、分析能力和提供的通信服务以及各个测量参数的类型和取值范围等，按照 IEC 61850 标准，使用 XML 语言将数据打包成符合统一规范的 XML 文件，然后进行压缩，再按照具体网络通信协议将数据处理后传送到电能质量数据融合与高级分析技术深化应用系统操作端进行处理。而对与电能质量有关的测量和模拟数据的交换，则采用基于 XML 的 PQDIF 文件格式。

5. 数据处理

可分析一个月全电能质量指标数据（5min 数据，除波形），系统响应时间≤12s；分析一个波形事件（采样 1024，20 个周期），系统响应时间≤3s；系统支持同时在线人数为 500 人；系统支持最大并发数为 100。

同时支持 C/S 和 B/S 两种开发模式，给予用户更多的选择；支持多种数据库，如 Oracle9i、10g 和 11g、SQL Server 2005、SQL Server 2008、DB2、Access；支持多终端系统的接入，如短信平台、邮件平台、声光报警器。

强大的数据引擎中间件使客户端彻底摆脱不同数据库的访问依赖性；实现类似 GIS 系统的展示效果，更加方便快捷地显示数据信息；实现 Web 系统可交互图表功能，方便用户能够在 B/S 模式下进行数据分析；可二次开发定制的系统功能，实现不同用户的多样化个性需求；支持 64 位操作系统。

6. 数据分析

（1）全电能质量分析方法如表 5-12 所示。

表 5-12　　全电能质量分析方法功能表

名词	含义
全电能质量数据	电能质量数据和原电压监测系统数据的数据全集
监测线路	包括原电能质量监测系统监测线路和原电压监测系统监测点
图形分析	以图形（趋势图、频谱图、概率/概率分布图、波形图等）和表格（峰值表、统计表和积分表）的形式展现监测线路某段时间内全电能质量数据参数（电压、电流、功率等）的变化趋势，观察其变化特点，进行相应分析
对比分析	对多条监测线路同一时间段或同一监测线路不同时间段的数据进行图形分析
关联分析	对有着特殊联系的多条监测线路的数据进行“一键式”对比分析
监测点合格率	监测点合格率：监测时间一超上下限和～监测时间×100％
累计合格率	“统计周期的开始”到“统计周期的结束”期间内的电压合格率
综合合格率	设：A 类的电压合格率为 V_a，B 类的电压合格率为 V_b，C 类的电压合格率为 V_c，D 类的电压合格率为 V_d，则综合合格率$=V_a/2+(V_b+V_c+V_d)/6$
当前综合累计合格率	与综合合格率的概念相对应，即该统计周期内的累计合格率
越上限率	越上限率：超上限时/总运行时×100％
越下限率	越下限率：超下限时/总运行时×100％
合格率	合格率：合格时/总运行时×100％

（2）电能质量数据融合与高级分析技术深化应用系统分析功能如图 5-41 所示。平台可生成日报、季报、年报等不同报表供客户端查看、下载。具备基于电能质量数据和电压监测数据的全电能质量数据综合分析、基于全电能质量数据的对比分析和基于电能质量监测线路与电压监测点之间关联关系的关联分析功能。能够实现监测点信息、仪器状态和越限记录等综合查询。可实现不同电压等级、不同线路、不同区域的电能质量指标单项评估和综合评估、电能质量预测和用户预警等。

（3）全电能质量数据分析流程如图 5-42 所示。

1）总体分析：对全电能质量数据进行图形分析，包括对所有监测线路的对比分析以及关联分析。用户选择要进行分析的监测线路，然后选择要分析的参数以及起止时间，系统给出分析结果，用户可以把分析结果导出。

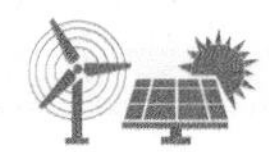

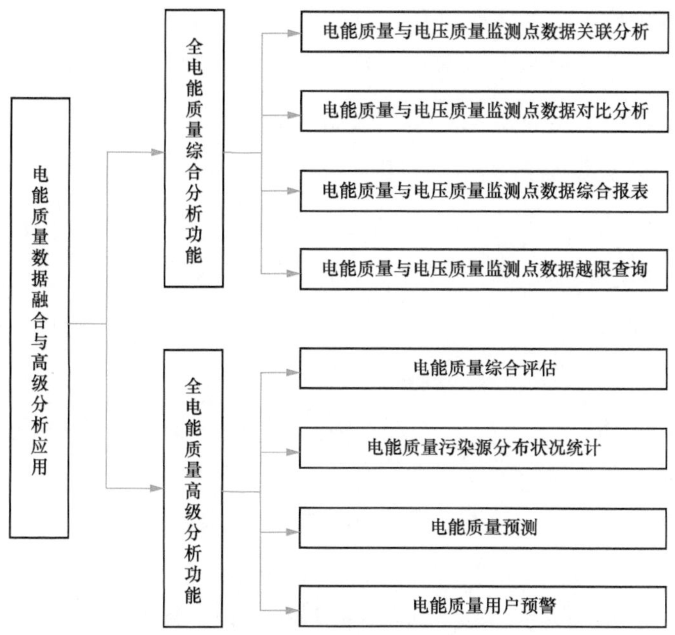

图 5-41　电能质量数据融合与高级分析应用系统分析功能图

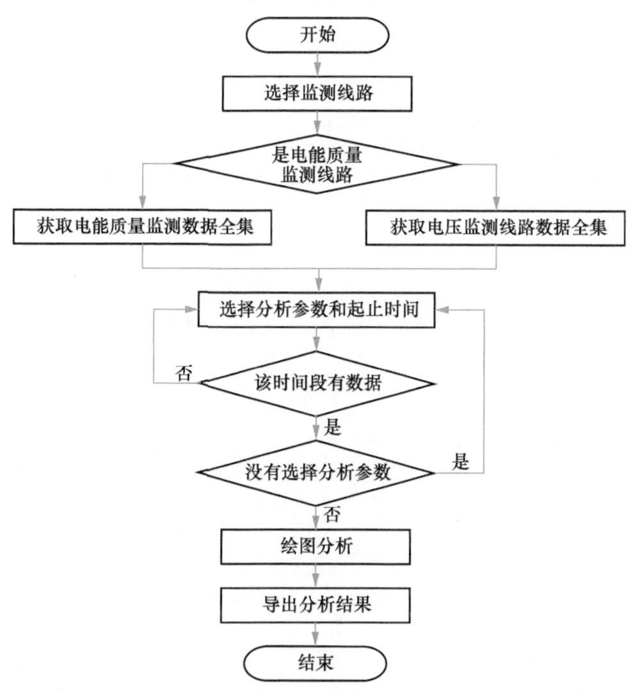

图 5-42　全电能质量数据分析流程图

2）界面要求：该模块包含监测线路选择窗口、数据参数以及起止时间选择窗口和绘图分析窗口。

(4) 需求分析。全电能质量数据分析是在原电能质量监测系统数据分析的基础上增加了对电压监测系统数据的分析，同时也把电压监测系统监测点作为对比分析的对象纳入全电能质量对比分析和关联分析功能中。可实现电能质量监测分析系统原有数据分析功能，电压监测系统数据趋势图、概率/概率分布图、峰值表、统计表分析功能，监测线路数据之间的对比分析功能，电能质量监测系统的监测点与电压监测系统的监测点之间的关联分析。

7. 系统功能展示

基于 PQDIF 标准全电能质量统一的数据交换格式功能。PQDIF（Power Quality Data Interchange Format）是一种平面文件结构，具有良好的扩展和压缩性，可以较好地解决多数据源兼容的问题，还可以实现电能质量物理属性的都角度观察功能。图 5-43 为导入 PQDIF 数据格式文件的界面。

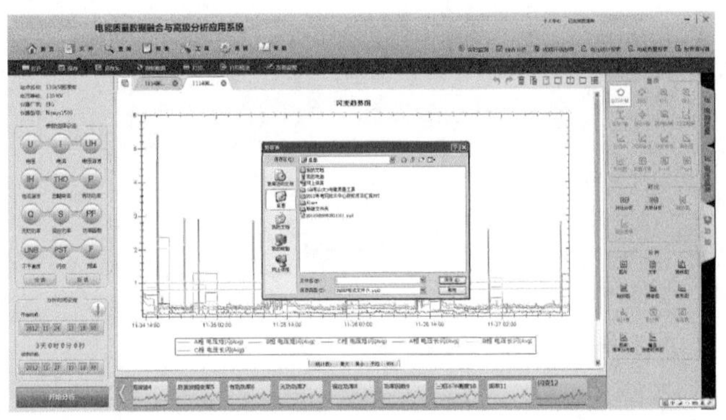

图 5-43　导入 PQDIF 数据格式文件

电能质量数据融合与高级分析应用平台全电能质量综合分析功能及分析功能展示如图 5-44 和图 5-45 所示。

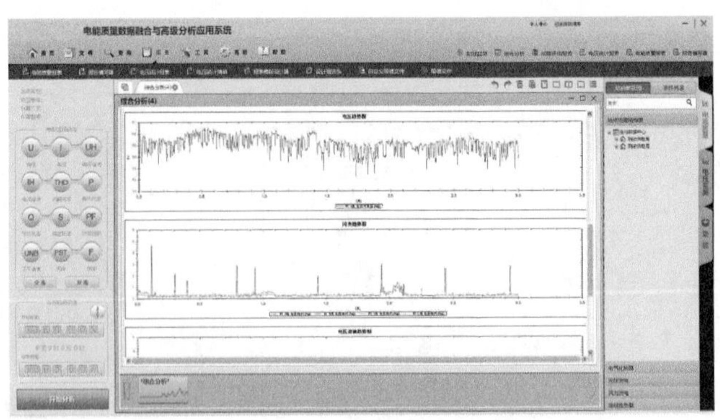

图 5-44　综合分析图形界面

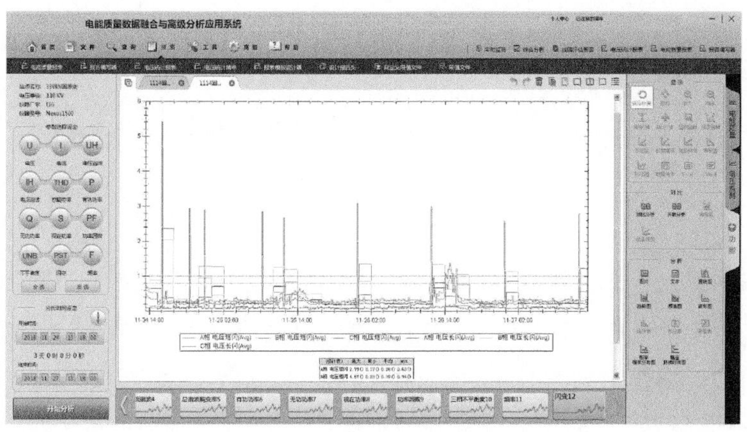

图 5-45 分析图形界面

第六章　可再生能源大数据应用前景

以数字化连接为基础的商业模式，其主要优点是能够收集和分析大量数据，并据此优化大量资产的使用。随着新一代电力系统建设及能源结构的调整，光伏、风力发电等新能源发电在能源结构中的比重越来越高，投资模式也不断升级，经济机制和商业模式也越来越受到重视。光伏、风力发电在发、输、配、用电过程中将产生大量结构多样、来源复杂、规模巨大的数据，将大数据技术应用于以光伏、风力发电为代表的间歇性可再生能源生产以及全过程管理具有非常重要的意义。

当前，我国开展能源大数据建设具有良好的基础。一是能源企业作为能源大数据的主要提供者，具有较高的信息化水平，积累了海量的能源系统数据和社会数据，并形成了相应的数据应用平台。这些已有的应用成果和经验为能源大数据建设奠定了坚实的工作基础。二是作为大数据技术应用的物理基础，能源互联网建设工作进展迅速，多种能源协调互补逐步成为新的常态，我国冷热电联供的装机容量稳步增长，天然气市场和分布式能源技术的发展将进一步推动区域乃至大能源系统发展，均为能源大数据建设提供良好契机。

发展能源大数据势在必行，但也存在一些突出的矛盾与挑战。一是信息资源缺乏有效整合。现有的各数据与信息系统大多处于独立开发、各自为战的状态，数据开放共享程度较低，存在大量的“信息孤岛”。二是缺乏相应的数据质量标准。不同组织机构在数据采集方式、存储格式、通信接口上都不统一，客观上妨碍了更深层次、更大范围的数据融合与共享。三是难以保证数据采集渠道的畅通。在当前的通信架构下，不同系统的软硬件存在差异，受通信容量、数据隐私与实时性的约束，部分重要数据无法实现实时传输与利用；出于安全性和隐私性考虑，当缺乏足够的利益驱动时，部分组织机构不愿意向外界开放数据接口，不利于开放互联共享的实现。为真正推进能源大数据高效有序发展，迫切需要在不同领域开展广泛合作，制定统一的标准，建立通用的平台接口，推动数据开放共享流通与集成应用，创新数据管理模式，形成发展合力。

第一节　大数据开启新时代

互联网技术、互联网思维与能源系统的广泛融合，使能源行业意识到能源大数据对促进可再生能源的发展、激发能源行业的跨界融合活力与创新发展动力具有重大的意义。能源大数据技术不仅有利于政府实现能源监管、社会共享能源信息资源等，作为推进能源市场化改革的基本载体，也是贯彻落实国家“互联网+”智慧能源发展战略、推进能源系统智慧化升级的重要手段，同时在为助力跨能源系统融合，提升能源产业创新支撑能力，催生智慧能源新兴业态与新经济增长点等方面发挥积极的作用。

一、能源规划与能源政策领域

能源大数据在政府决策领域的实践应用主要体现在能源规划与能源政策制定这两个主要方面。

在能源规划方面，政府可通过采集区域内企业与居民的用电、天然气、供冷、供热等各类用能数据，利用大数据技术获取和分析用能用户的能效管理水平信息、用能行为信息等，为能源网络的规划与能源站的选址布点提供技术支撑。此外，基于用能数据、地理信息以及气象数据可分析区域内的基本能源结构与能源资源禀赋，为实现能源的可持续开发与利用提供指导方向。

在能源政策制定方面，政府可利用大数据技术分析区域内用户的用能水平和用能特性，定位本地企业的能耗问题，研究产业布局结构的合理性，为制定经济发展政策提供更为科学化的依据；另一方面，依托能源大数据对能源资源以及用能负荷的信息挖掘与提炼，为政府制定新能源与电动汽车补贴方案、建立电价激励机制等国家和地方政策提供依据，也为政府优化城市规划、发展智慧城市、引导新能源汽车有序发展提供重要参考。

二、能源生产领域

在能源生产领域，大数据技术的应用目前主要集中在光伏、风力发电系统等可再生能源发电精准预测、提升可再生能源消纳能力等方面。由于光伏、风力发电等可再生能源具有间歇性与随机性的固有特点，需要合理进行储能、多能互补等灵活性资源配置规划并依赖可靠、可信的功率预测信息安排电源的运行方式，以充分降低可再生电源对电网的冲击影响，减少弃风弃光现象，并保证供电可靠性。

随着互联网技术在能源生产领域的不断融合，可以通过互联网整合区域内所有风场功率预测的可用数据，打破单一风力发电场孤立预测的传统模式，有利于实现预测信息的开放交互，进一步提升可再生能源预测的服务质量。

此外，利用大数据技术综合场站设备各种基础及运行监测数据，加上视频监控数据、智能识别技术识别出的设备状态量等信息，建立综合评价模型，以获取设备总体健康状态，从而实现设备的状态评价。通过研究基于历史数据的趋势分析算法，建立反映设备健康状态的数学模型，对设备故障进行趋势分析，掌控设备风险；通过研究基于视频监控的设备自动巡检技术和安防技术，发现外观变化、表计变化、发热缺陷、非法入侵、物体靠近、现场烟火等设备健康危害因素，进行实时报警，保证设备正常运行；根据设备评价结果，优化检修策略，可为技改、大修计划制定、筛选评审提供决策依据等。

三、能源消费领域

在能源消费侧的可再生能源渗透比例不断提高以及微电网系统的日趋成熟背景之下，能源用户的角色已从传统消费者向产消者发生了重大改变。有效整合能源消费侧可再生能源发电资源、充分利用电动汽车等灵活负荷的可控特性以及参与电力市场的互动交易并实现利润最大化，是目前大数据技术在能源消费领域的热点研究问题。对此国内外已对能源消费终端的大数据技术实际应用开展了有益的探索。美国运用大数据技术开发了分析引擎平台和用能服务平台，为用户提供用能服务，为实现需求侧响应提供重要支撑。德国的 E-Energy 项目为促进可再生能源预测、能源服务商业模式的开发以及能源交易等提出了基于大数据技术的有效解决方案。我国“全国智慧能源公共服务云平台”于 2015 年 2 月启动，2019 年已有 14 个省市单位签约构建智慧能源地方分平台。该平台主要提供能源数据采集和分析功能，通过云平台建立实时设备管理数据平台，打造新的销售模式，从而获得高性价比的产品和解决方案，目标是实现降低用能成本，提高能源利用效率，打破政府和金融机构各自封闭的信息孤岛，掌握真实透明数据，实行有效的监管和调控。

四、智慧能源新业态

随着能源大数据技术在能源系统的深度扩展，将在能源网络的监控与运维、能源市场化交易等方面催生一批崭新的智慧能源服务新业态。

在能源系统的运维方面，通过研究基于广域量测数据的态势感知技术，可实现智能电网的输配电站在线运营维护，实现实时事件预警、故障定位、振荡检测等功能。此外，光伏、风力发电等可再生能源电站硬件繁杂、选址分散，需借助大数据技术根据机组回传数据分析监测各零件的磨损、疲劳情况，据此可在线预测和判定设备的实时运行状态，有助于简化大规模监测系统的部署，及早防范潜在的故障风险。随着技术的进一步发展与融合，未来能源系统融合必将扩大设备规模与能源网络的复杂程度，而且随着电力市场的逐步放开完善，将在同一区域内涌现多家售电主体。这将导致运营区域和电力资产分散，配备专业运维队伍缺乏经济性，因此传统的集中式运营维护模式难以适应能源系统的发展趋势。通过引入互联网共享理念，利用互联网与大数据技术实现分布式运营维护，依据运营维护需求与地理信息匹配专业运营维护商必将是未来能源大数据所衍生的新业态模式。

另一个值得关注的是能源大数据技术对能源交易市场建设与完善的重要推动作用。目前，国内外的能源大数据在能源交易方面的实际应用仍处于起步阶段。英国国家电网在美国的纽约布法罗医学院校区建立了微型光伏售电交易市场试点，运用大数据技术对该区域内的光伏、储能与用户负荷实现优化匹配，并提供发电资源的定价服务。随着能源大数据技术在能源生产、传输、消费各环节的深入发展与逐渐成熟，可为能源行业提供开放、共享的能源信息平台，推进能源自主灵活交易，使得能源价格信息能够直接反映供需关系，引导资源进行优化配置，促进公平、公开、共享的能源市场环境的形成。此外，通过能源大数据技术可有效引导各类高效能源技术根据需求和技术特点进行优化组合，形成各类能源交易与增值服务的综合能源服务新模式。

第二节　实　现　路　径

大数据的研究涵盖数据的挖掘、分析、处理到实践应用，其中实践与应用是整个大数据的出发点和归宿，应该遵循需求牵引、问题导向、案例推理的原则。只有把大数据转化成思想及知识，才能带动大数据技术的产业，更好地利用大数据技术推动光伏、风力发电等可再生能源的健康发展。

以电为中心、以清洁化与智能化为特征的能源革命正在推动整个能源的生产、消费和管理模式的重大变化。促进各类数据资源整合，覆盖电力系统、供热（冷）系统、燃气系统、燃油系统，以及气象、经济、交通等非能源系统，而在各能源子系统内则覆盖了能源的生产、转换、传输、交易、存储、消费等各环节。建设基于互联网的智慧用能量测与交易平台，基于智能楼宇与智能工厂的能源综合服务中心，实现多种能源的智能定制；鼓励个人、家庭用户与分布式发电、储电、储热、储冷、储氢等多类型的分布式储能资源之间通过微平衡市场进行局部自主交易，推动紧急备用、调峰调频等增值服务。

一、区域大能源系统

光伏、风力发电等可再生能源的发展，已经成为经济可持续发展的必需选择。随着国家对分布式光伏激励政策的落实，配电网也会逐步接入部分分布式电源，实现光伏、风力发电等可再生能源集中和分布式发电的运行监测、统计分析等，这对提升新能源运行效率、优化投资规划策略具有指导意义。通过对新能源发电的监测，实现新能源各时段发电量和天气数据的采集和统计，有利于分析新能源发电与天气因素之间的相关性分析，为新能源发展和运行调度提供科学合理的决策依据。

区域新能源能量管理系统是区域新能源监控、海量数据分析以及能量管理一体化系统，通过对区域新能源内部不同形式能源（电、风、光、储等）和负荷的精确预测与科学调度，与区域新能源控制器配合，实现高比例新能源渗透电网的安全稳定运行与能源优化。同时，通过区域新能源与大电网之间的协调互动，提高供电可靠性和一次能源利用效率，基本的系统架构如图 6-1 所示。

第一层，分布式发电设备与负载控制器，该层为局部就地控制，目的是就地控制区域新能源系统内电源与负载；第二层，区域新能源中央控制器，中央管理控制器提供了区域新能源系统在并网/孤网两种运行方式下完整的保护以及控制方案；第三层，区域新能源能量管理系统，该系统实现对区域新能源系统内各种能源流的综合优化，该层主要是考虑负荷和能源流的变化趋势，以降低区域新能源的经济成本为目标，在满足潮流平衡、安全性和电能质量的条件下，

调整分布式发电系统的电源出力，从总体上优化分布式能源区域新能源系统的运行情况。

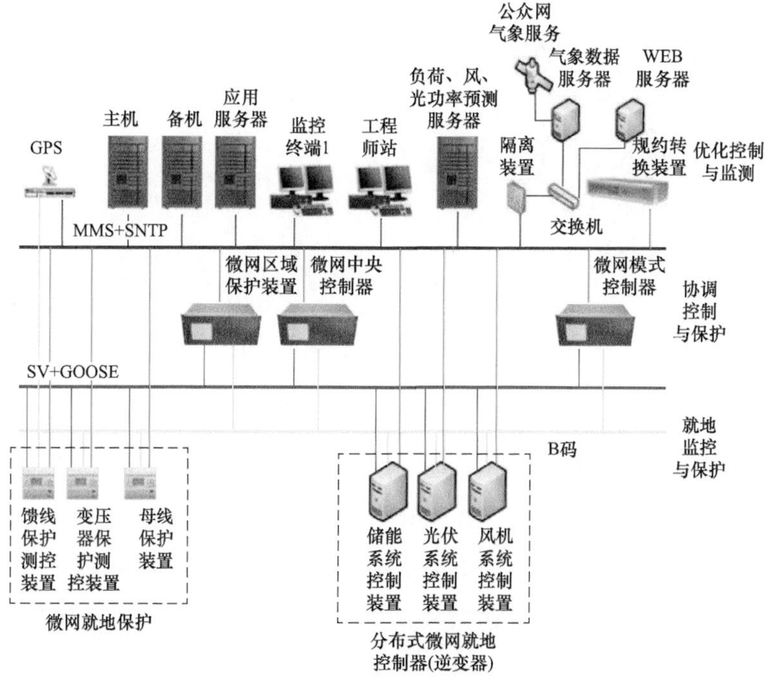

图 6-1　区域新能源能量管理系统架构

区域新能源能量管理系统软件架构如图 6-2 所示。其中，支撑平台实现来自

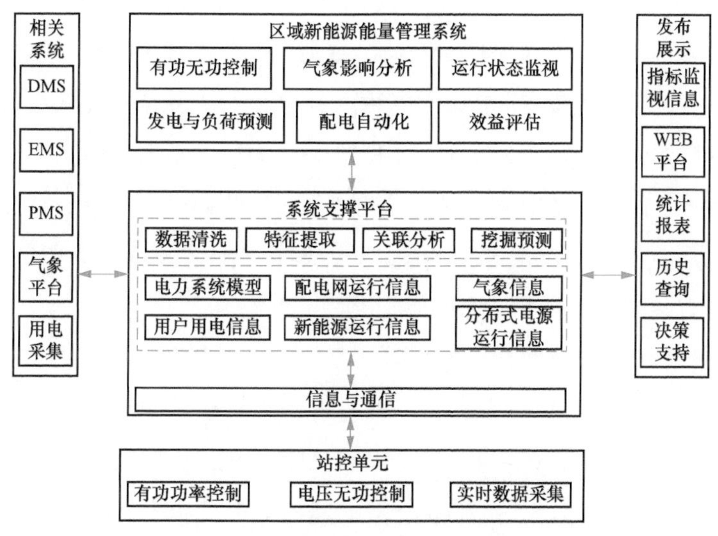

图 6-2　区域新能源能量管理系统软件架构

各种系统的新能源运行相关数据的统一存储管理。主要存储的数据为新能源发电相关运行数据，包括发电机电压、电流、功率、功率因数、频率以及电网的电压、功率因数、气象信息、发电机组电量累计、运行时间累计、蓄电池电压、故障告警等；新能源发电的经济性数据包括新能源发电量、上网电量、售电量收入、政府补贴数据等。

充分利用大数据技术，建立区域新能源集中监测和统计分析系统，有助于综合采集和统计新能源发电相关运行数据和经济性数据，为优化新能源发电运行、管理以及新能源规划和投资的决策提供依据，有利于实现有功无功协调控制等功能。

二、智能电网

能源革命推进了智能电网与各种新能源及用电技术的关联；大规模光伏、风力发电的接入大大增加了电力生产的不确定性及电网运行的困难；大规模电动汽车（Electric Vehicle，EV）的充放电又增加了电力消费的随机性；发、输、配、用、储各环节内的不确定因素及其交互影响越来越复杂。大数据技术成为提高电力流效率及防御大停电灾难的基础。

在智能电网深入推进的形势下，电力系统的数字化、信息化、智能化不断发展，带来了更多的数据源，例如智能电表从数以亿计的家庭和企业终端带来的数据，电力设备状态监测系统从数以万计的发电机、变压器、开关设备、架空线路、高压电缆等设备中获取的高速增长的监测数据，光伏和风力发电功率预测所需的大量历史运行数据、气象观测数据等。因此在电力系统数据爆炸式增长的新形势下，传统的数据处理技术遇到瓶颈，不能满足电力行业从海量数据中快速获取知识与信息的分析需求，电力大数据技术的应用是电力行业信息化、智能化发展的必然要求，是涉及电力系统管理体制、发展理念和技术路线等方面的重大变革，是下一代电力系统在大数据时代下价值形态的跃升。

1. 智能电网与大数据的关系

智能电网就是将信息技术、计算机技术、通信技术和原有输、配电基础设施高度集成而形成的新型电网，具有提高能源效率、提高供电安全性、减少环境影响、提高供电可靠性、减少输电网电能损耗等优点。智能电网的理念是通过获取更多的用户如何用电、怎样用电的信息，来优化电的生产、分配及消耗，

利用现代网络、通信和信息技术进行信息海量交互，来实现电网设备间信息交换，并自动完成信息采集、测量、控制、保护、计量和监测等基本功能，可根据需要支持电网实时自动化控制、智能调节、在线分析决策和协同互动等高级功能，因此相关研究者指出，可以抽象的认为，智能电网就是大数据这个概念在电力行业中的应用。能源生产作为电能生产、传输、分配及消费的源头。

2. 大数据与云计算的关系

根据美国国家标准与技术研究院的定义，云计算是一种利用互联网实现随时、随地、按需、便捷地访问共享资源池（如计算设施、应用程序、存储设备等）的计算模式。从技术上看，大数据根植于云计算，云计算的数据存储、管理与分析方面的技术是大数据技术的基础。利用云计算强大的计算能力，可以更加迅速地处理大数据，并更方便地提供服务；通过大数据的业务需求，可以为云计算的发展找到更多更好的实际应用。云计算使大数据应用成为可能，但是没有大数据的信息沉淀，云计算的功能将得不到完全发挥，所以从整体上看，大数据与云计算是相辅相成的。

云计算和大数据的侧重点不同，因此也有较大的差别。大数据关注重心在于数据背后的信息沉淀与业务分析，因此其推动力量来源于拥有大数据的企业和软件厂商；云计算关注重心在于计算能力，偏重于技术解决方案，因此其推动力量来自计算资源和存储资源的生产厂商。云计算技术的发展早于大数据技术的发展，但是大数据的业务需求又为云计算技术的发展带来新的机遇，一方面促进了云计算技术向更加贴近用户需求的方向发展，另一方面带来了更高处理速度、更大存储容量的要求。

3. 智能电网、云计算、大数据的相互关系

图 6-3 简要描述了智能电网、云计算、大数据三者之间的相互关系。云计算能够整合智能电网系统内部计算处理和存储资源，提高电网处理和交互能力，成为电网强有力的技术组成；大数据技术立足于业务服务需求，根植于云计算，以云计算技术为基础；智能电网可以抽

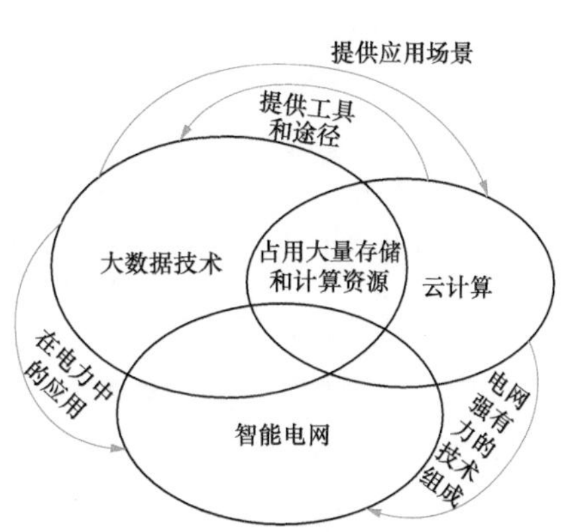

图 6-3　大数据技术，云计算，智能电网三者的相互关系

象的认为是大数据这个概念在电力中的应用，所以三者是彼此交互的关系。

智能电网、云计算、大数据三者之间的关系，从更加深层次来讲，是电力系统发展到不同阶段的产物，具有代纪传承的特点。图 6-4 从代纪传承的角度描述了三者之间的相互关系。智能电网是信息技术、计算机技术、人工智能技术等在传统电网上应用沉淀的结果，满足电网信息化、智能化、清洁化等高层次的运营和管理需求，既是对传统电网的继承，也是对传统电网的发扬，所以其发展必然与新技术同步。来自计算机和信息技术领域最前沿的云计算技术和大数据技术，正是其发展阶段技术层面和应用层面两个具有划时代意义的新技术。云计算技术中的分布式存储技术和并行计算技术，满足了电网海量数据的存储和计算需求，因此云计算技术推出不久，电力云的概念就提出来，云计算技术在电力系统中的应用也逐渐呈现出百花齐放的态势，推动了智能电网的发展。

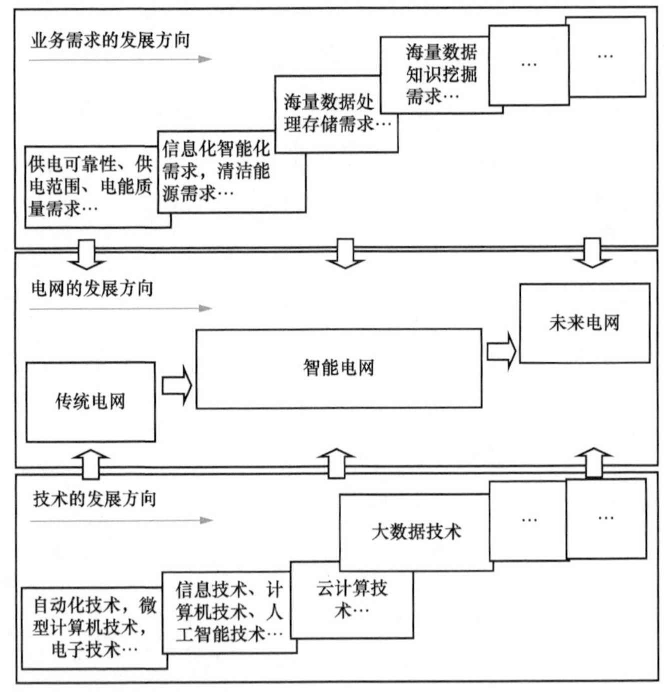

图 6-4　大数据技术、云计算、智能电网三者的代纪传承关系

大数据技术既是传统数据分析与挖掘技术的延续，也是数据量级增长到一定阶段时知识挖掘与业务应用需求的必然产物，因此大数据技术的大部分应用都以云计算的关键技术或者与云计算类似的分布式存储和处理技术为基础。电力大数据技术的发展从某种意义上讲，可以看成是云计算技术在智能电网中、

高级业务需求的实现过程。

能源大数据应用需要建立在大数据处理平台之上，大数据处理平台为数据集成、数据存储及处理、数据分析等提供基础平台和支撑技术，具体包括底层的计算、存储、网络等资源以及相应的资源管理接口和软件，同时提供高性能并行编程环境和大数据分析通用工具和算法库。当前云计算已经得到了广泛应用，各行各业都建立了云计算平台，从大数据存储及处理技术的角度来看，云计算是理想的大数据基础平台与支撑技术。

结合光伏、风力发电等间歇性可再生能源发电业务的应用需求，在大数据平台之上构建各类大数据应用。面向能源生产的大数据应用总体架构如图 6-6 所示。整合企业内部各系统和外部数据，构建能源生产大数据，大数据处理平台提供统一的数据存储、数据处理、数据分析、数据安全服务及面向业务应用的研发仿真环境，支撑能源生产、传输应用。间歇性可再生能源发电大数据应用为业务数据的抽取与集成，业务模型的优化整合，以及跨系统的业务集成，从数据的层面为业务的服务增值提供必要的技术条件。

智能配用电大数据应用总体架构如图 6-5 所示。

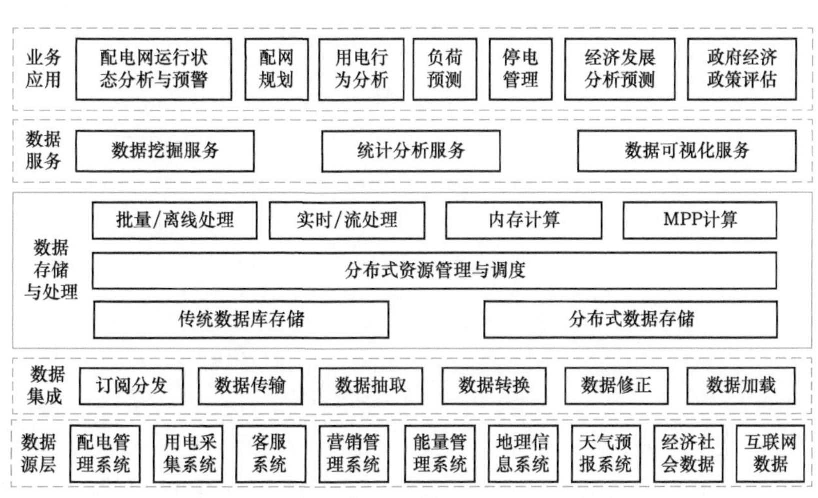

图 6-5 智能配用电大数据应用总体架构

三、信息系统

数据作为反映客观事物属性的记录，是信息的具体表现形式；而数据经过加工处理之后才能成为信息，信息需要经过数字化转变成数据才能进行存储和传输，因此，在信息系统本身的建设与完善中，也应该充分发挥大数据技术的作用，包括加强信息安全体系及安全技术、大数据共享与隐私的协调、开放与防御的平衡、数据被窃或篡改的防御、个人信息开放和保护的平衡、高级可持续攻击的应对等。

在分析与预警方面，由于发、输、变、配、用电需要保持瞬时平衡，在稳定性分析、可再生能源的预测及备用容量的调度、大停电风险分析与综合防御等方面均需突破。大数据算法的思路强调全部数据而不是个别子集，更加关注效率与相关性，关注混沌规律和浮动规律，而不是恒常规律，从价值密度低、异源异构异质的大数据中有效提取价值并增值。此外，还需要建立参与者博弈行为的多代理模型；建立可同时支撑数学模型、多代理及真实参与者的混合仿真平台；克服知识挖掘中的瓶颈。利用统计分析技术提高模型仿真的速度，或利用模型分析技术提高统计分析的质量。

在决策与控制方面，需要提高监测预警、状态评估、故障分析、检修决策、风险管控、资源利用、信息安全等水平。例如，在非自治和非线性因素下，如何摆脱数学模型而仅根据实测轨迹来量化系统动态。需要在算法与受扰轨迹的知识提取上取得重大突破，才能真正发挥相量测量单元（Phasor Measurement Unit，PMU）在广域保护中的作用。

第三节　应　用　前　景

一、能源大数据的发展目标

发展能源大数据，旨在解决现阶段能源系统面临的难题，建立一种将能源规划、开发、生产、传输、存储、消费与大数据密切关联的能源发展新模式，推动能源使用朝着生产明确、多能协调、信息对称、阳光消费的方向发展，激活能源供给端和消费端的新潜力，形成新型的能源生产消费体系和管控体系，以大数据促进能源科学开发利用、服务节能减排，降低能源消耗与碳排放、解决新型城镇化发展中能源需求问题，以多能互补推动能源结构性改革。重点将解决能源系统突出问题、实现能源系统信息化迈向智慧化管理以及构建互动化的能源服务体系等发展目标。

1. 解决能源系统突出问题

通过海量数据的统计、挖掘，将难以用物理模型量化的不确定性因素进行数据驱动型分析。减少可再生能源出力的间歇性、随机性等对能源系统的冲击，缓解用能峰谷矛盾；抵御灾害、极端天气等风险源，准确评估与管控能源系统运行态势；考虑实时价格、需求响应和开放市场等因素的随机性，实现能源系统调度与监管的全方位优化。

2. 实现能源系统信息化迈向智慧化管理

目前，能源系统管理手段单一，且传统信息化手段面临应用瓶颈，无法很好解决能源系统面临的一系列问题。对此，在物联网、工业互联网、移动应用等飞速发展的新一轮数字化变革和新技术背景下，制定统一的新的数据通信、访问标准，建设更高效的通信网络，发展先进的能源数据存储技术构建能源大数据系统，利用云计算、数据挖掘、人工智能技术和方法，创新数据管理模式，充分挖掘数据的价值，满足价值性、实时性、安全性的要求，推进能源流和信息流的双向交互与深度融合，以多能互补的理念进行系统集成，通过智慧能源控制平台进行统一的管理，以大数据、物联网等手段有效促进能源和信息深度融合，推动能源领域结构性改革。实现现有能源信息系统向新一代数字化智能化升级过渡，不断提高能源系统的智慧化管理水平。

3. 构建互动化的能源服务体系

促进能源信息资产的形成和共享，催化能源互联网新商业模式的产生。目前，能源系统在用户终端的互动化服务率较低，能源数据资产，特别是消费端数据资产，还未能有效形成并得到挖掘利用。对此，要贯彻“以用户为中心”的理念，抢抓大数据时代机遇，充分挖掘能源大数据的商业和社会价值，催生能源大数据生态，在开放包容的能源大数据生态中开拓出智慧便民服务的新路径，为用户提供精细化用能服务，为城市建设提供绿色发展方案，并充分利用能源信息资产富矿发展各种增值服务新商业模式，释放大数据红利。

二、能源生产与运行大数据

大数据综合分析利用可显著提升能源生产运行精益化水平，提高资源综合效益、资源效率、系统可靠安全性。大数据在提高设备设施可靠性和寿命、已开发的光伏、风力发电等可再生能源上网利用率及资源多目标综合协调利用等方面有广阔的应用空间。

1. 能源设施全寿命周期管理

能源设施包括能源传输与转换过程中的各种设备，包括输电线路、变压器、断路器、天然气管道、热泵、燃气轮机、P2G、风机、光伏、储能等等。其全寿命大数据包含运行工况、试验、状态监测、台账在内的结构化数据，检修维护记录、故障详情、设备家族信息在内的半结构化数据以及图像、音频、视频等非结构化数据。如图 6-6 所示，对这些数据进行分类、清洗、挖掘，能够准确评价设备健康状况，实现精准的故障定位、诊断及预测，进而指导设备运维与检修工作，实现能源设施的全寿命周期管理。

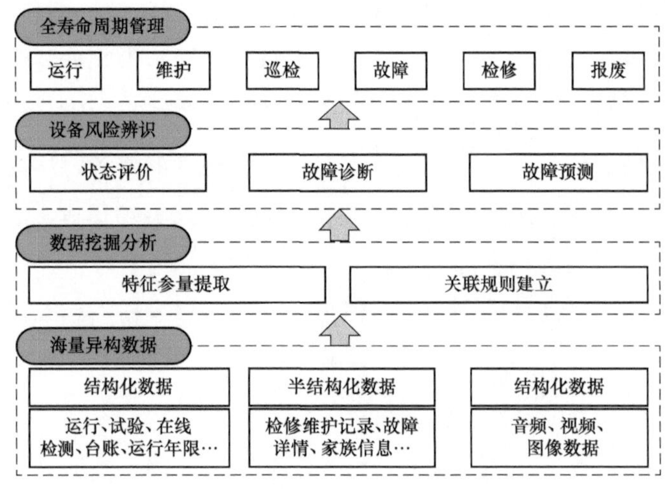

图 6-6　能源设施全寿命周期管理

在状态评价方面，通过基于数据挖掘技术的设备关键特征提取与融合，以健康因子（Health Index，HI）作为评价标准，实现对设备健康状态的评价与跟踪。在故障诊断方面，通过 BP 神经网络、专家系统、聚类、支持向量机等方法，对做好标记的状态参量数据进行训练，发现设备故障或潜伏性故障，并判定其部位、性质、趋势。在故障预测方面，一般采用贝叶斯网络、Apriori 关联分析等算法提取故障特征参量，并结合马尔科夫模型、时间序列相似性匹配等方法实现多时间尺度故障预测，此外还可通过故障率建模的方式得到定量的预测结果。

2. 可再生能源出力预测

可再生能源出力的精准预测是能源系统运行控制的基础，利用大数据技术可实现三种方式的预测：①分析影响风力发电和光伏出力的物理环境参量，例

如温度、湿度、光照强度、风速等，通过关联分析、主成分分析提取强关联性特征参量，建立预测模型；②分析历史时间序列，解析出具有强规律性的子序列，通过组合子序列的预测结果，建立最终的预测模型；③训练型的预测，基于支持向量回归、人工神经网络、模糊理论等方法，以大量历史数据为驱动进行训练，并将生成的模型应用于实时采集数据，得到最终的预测结果。

三、能源输送存储与调度大数据

能源资源空间分布不均衡、资源禀赋的不同以及消费需求的时空不平衡性决定了能源传输存储调度对经济社会环境的重要性。大数据有助于对复杂时空条件下能源供给与消费关系的掌控、分析、预判与优化平衡，更好地满足人民群众日益增长的能源消费需求和生态环保的要求。

1. 能源输送大数据

能源的输送涉及地理、交通、气候环境、人口、经济发展等多领域庞杂数据，大数据能支撑具有实物形态的化石能源，如煤炭、LNG 等陆路及海上交通运输，以及石油、天然气的管道输送能力与不同地域的能源消费需求匹配分析和输送路径优化。转化为二次能源后的电力通过电网传输更是能源电力流和数据流耦合的必然存在，源荷复杂分布及关系分析、电网潮流计算安全可靠性、经济性等方面，大数据也有广泛的应用空间。

2. 储能大数据

储能技术发展飞速，从化石能源煤炭、石油、天然气等的物理仓储，到转化为化学能、物理能的大规模储能电池、抽水蓄能、制氢、飞轮、压缩空气等的能量储存，如何平衡与优化多介质、多能量形式、广地域分布的能量储存的时空关系，都需要能源需求供给关系、环保要求、技术发展水平与成本等多领域大数据的支撑。

3. 能源系统态势感知与优化调度

基于大数据的态势感知技术实现方案如图 6-7 所示，结合可再生能源预测、负荷预测、能源系统运行轨迹的模型构建及在线计算，对多数据源、大数据量的复杂能源系统进行实时态、未来态的态势掌控，态势感知结果可应用于分布式能源出力决策、需求侧响应、系统运行鲁棒性等方面，能够提升能源系统的抗干扰能力，同时改善能源供应质量。

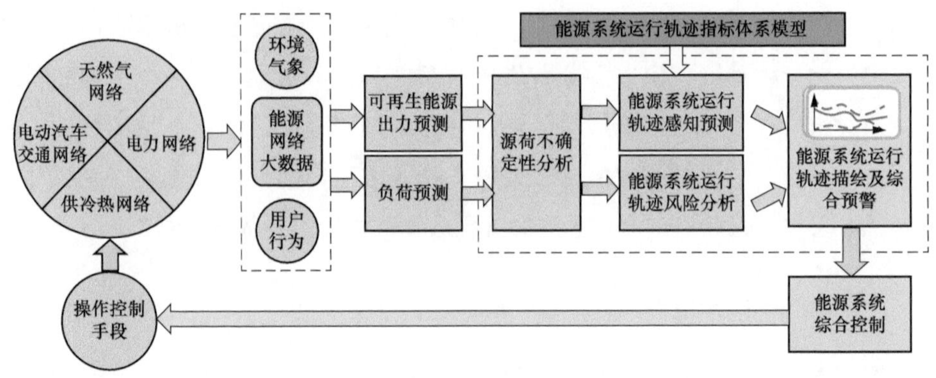

图 6-7 能源系统态势感知

多能互补优化调度如图 6-8 所示，其主要任务是在系统网络分析的基础上，根据系统状态信息，通过对储能系统、冷热电联供、电动汽车充放电的综合调度管理，实现多能流的互补融合，缓解峰谷矛盾，提高综合能源利用率。准确的节点可调度能力预测是能源管理与调度的基础。在实际应用中，需根据能源系统的多能流耦合情况，提取冷热网、气网、电网、储能各项数据，综合分析可再生能源出力、负荷类型及数量、储能容量及分布，得到各个能源转换节点可调度能力的评估结果，建立相应的协同优化调度模型，从而充分利用系统内的灵活源，实现微网安全可靠运行。

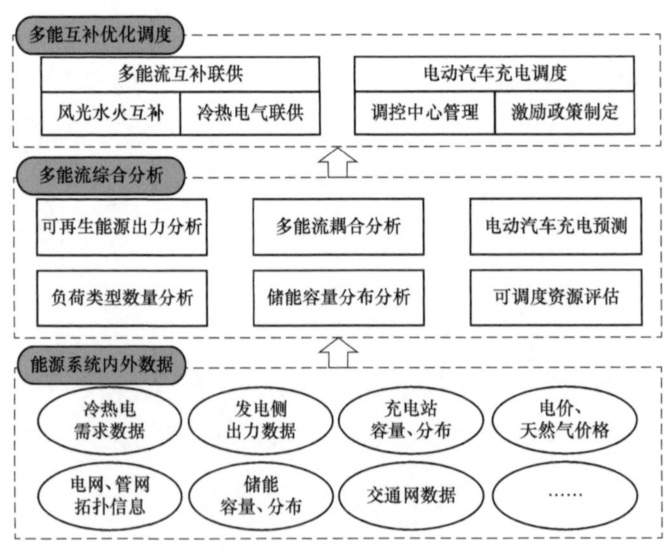

图 6-8 多能互补优化调度

四、能源配售与消费大数据

能源消费终端所提供的大数据，一方面从多个维度反映了能源消费者的用户行为特征，为能源交易市场和差异化、精细化的用能管理提供基础；另一方面可应用于用户侧的能源管理，结合用户具体用能特点，综合调控各个用能环节，实现节能降耗。

1. 能源消费者画像

能源消费者画像的任务是通过采集智能仪表、传感器等用户侧能源消费数据，以及地理、气候、用户舆情、能源供应方式、用户行为、电价、经济、市政、节假日及大型活动安排在内的海量外部数据，综合分析用户行为特性，对用户进行全维度的刻画，如图 6-9 所示。画像内容具体包括用能时间区间、是否可转移可削减、用能设备的气候敏感性、用能行为的价格敏感性等，并完成用户聚类、关键因素分析等功能。能源消费者画像可支撑能源市场的各类智慧应用，如需求侧响应、精准营销、用户能效分析、用户信用评价等。

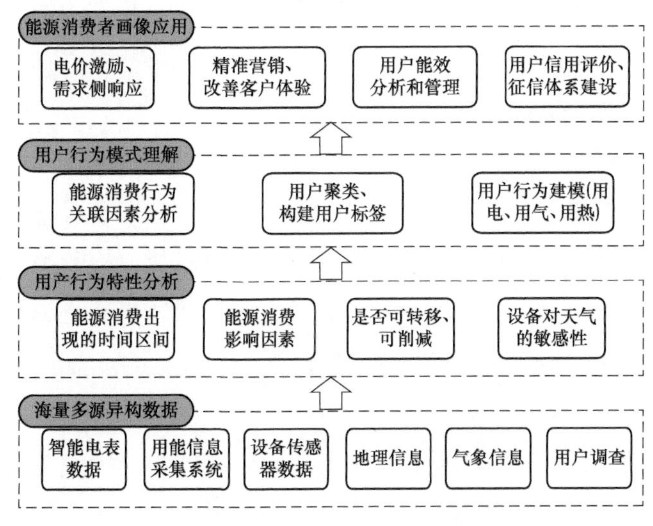

图 6-9　能源消费者画像

2. 交通网用能管理

交通网用能管理主要针对电动汽车充电站和燃油汽车加油站，由于涉及用户的主观能动性、能源系统的能量波动性及随机性、交通流量的强时空分布不确定性，因此适合采用大数据驱动型的分析，降低问题建模的难度，具体用于对交通流量的实时追踪、用户行程轨迹的学习、用户行为的模拟、用户负荷的准确跟踪等。因电能无法储存的特殊性，电动汽车充电调度还需考虑与电网的协同问题。目前，实现车辆静、动态信息采集和有效利用的车联网已在城市中推广应用。在车联网基础上，发展以电动汽车为核心的交通能源互联网。管理中心通过车联网采集交通负荷的用电需求、道路交通流量、逼近最优填谷效果的入网汽车期望充电功率等基础数据。一方面，以综合能源管理为利益主体，根据充电需求设计合理的调度安排，当存在供需不平衡时，采用合理的电价激励机制，引导用户主动追踪充电站的期望充电功率曲线；另一方面，用户将从云端接收到以用户为利益主体的最优充电方案，综合充电需求紧急程度、离充电站里程数、各时段电价等因素进行优化分析，推荐给用户充电时段及位置的选择。

3. 能源局域网用能管理

能源局域网用能管理主要包含家庭能源管理、企业能源管理、建筑（楼宇）能耗管理三个方面。将能源大数据应用于家庭能源管理，构建家庭能源局域网，以“云＋端”的架构实现家庭能效管理，为用户提供最优的节能方案，例如部分用能设备在“高电价时段”降耗，夜间蓄冷供白天高峰时段使用等，从而提高能源价值和用户能效。

将能源大数据应用于企业能源管理，有助于工业企业优化能源监管流程，打破企业能耗与产值、业务相隔离的普遍状态，实现能源流、信息流、业务流三流合一。能源大数据应用于建筑能耗管理，通过对楼宇内分类分项能耗数据的采集，预测用能负荷，对楼宇的蓄能系统、光伏系统以及空调、电梯等可控负荷进行优化控制，实现建筑能耗的优化管理。

4. 能源交易辅助决策

能源交易数据量庞大，存在现货期货等多种复杂交易方式及衍生的金融品种，决策实时性精准性要求高。复杂市场条件、交易模型、交易行为等大数据的快速采集与汇聚、快速分析计算，越来越成为能源市场交易辅助优化决策的有效和必备能力。

五、能源大数据与智慧城市

能源大数据的“社会属性”决定其蕴含丰富的商业价值和社会价值。能源

消耗量及能源结构的变动一定程度上揭示了经济发展状况与发展规律，进一步将能源数据与其他领域的数据相结合，可实现在不同时空尺度下对个体与群体行为规律的精准把控。能源大数据综合分析及应用，能全面提高能源监管能力、能源保障能力、能源服务能力、决策分析能力。能源大数据系统对接各类能源相关产业部门、供能主体、用能主体，获取相关数据并进行展示、分析及应用，能为城市规划、产业规划、绿色生态发展提供能源方面的决策数据支持；横向为经济运行管理、项目管理、经济与信息化等工作提供有效信息，为经济发展统揽全局提供支撑。

1. 能源大数据辅助政府决策与公共服务

能源需求变化是经济运行的“晴雨表”和“风向标”。能源大数据的可视化及知识发现，能够帮助政府掌握不同地区、不同行业的经济发展状况，评估发展方式的科学性与可持续性，从而为政府在经济发展、环境保护等方面的决策提供参考。

经济发展方面，通过对地区用能总量和地区能耗结构的分析，预测区域经济发展状况和产业结构变化趋势，从而针对不同地区的具体情况设计科学的区域发展规划；通过对行业能耗的历史数据进行纵向挖掘，能够把握行业发展现状，预测行业发展趋势，而通过对行业能耗的横向分析，能有效把握行业间的竞争与合作关系；进一步地，综合纵向与横向分析结果，制定行业的补贴、调控政策，引导高效的产业结构调整、产业融合、产业升级，实现资源的整合优化。

环境保护方面，综合能源利用效率、污染排放水平、用户行为、绿化分布等信息，能够从预防与治理两方面构建多时空尺度的生态治理方案，保障城市的可持续发展；综合用户画像、能源产量、能源价格等信息，能够制定合理的能源交易政策与能源补贴政策，缓解能源峰谷矛盾，从提升能源利用效率的层面减少污染排放；通过对企业污染排放监测数据分析，对比同类型企业的能耗与污染排放情况，能够对重点企业进行精准监控，保障环保政策的有效执行。

2. “能源地图”辅助城市规划与城市计算

整合城市配电网拓扑和设备运行数据、分布式电源及储能数据、电动汽车交通网数据、用户能源消费数据、气候数据、客流数据、LBS 位置服务数据、POI 兴趣点数据、社会活动数据等，实现城市“能源地图”的绘制，在多维城市大数据体系中加入能源板块，并通过梳理和提炼形成知识，支撑城市规划与城市计算两方面应用，如图 6-10 所示。

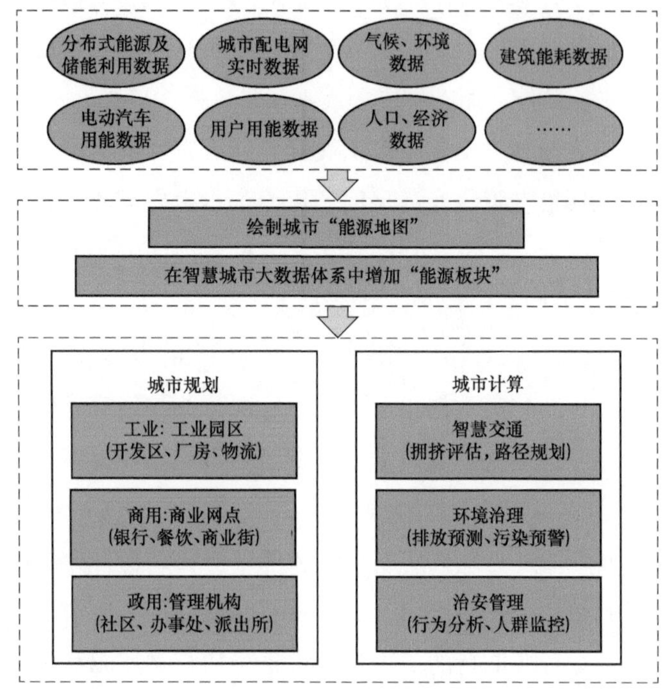

图 6-10　能源地图的应用

将“能源地图”应用于城市规划建设，通过挖掘能源系统和城市各个子系统之间的关系，找到城市发展与能源消费的内在关联。“能源地图”为智慧城市的规划建设提供高质量的数据分析结果，不仅应用于能源网络规划，也应用于政、民、商等各个领域。在政用方面，通过能源大数据指导政府管理机构配置(派出所、社区服务机构等)，辅助相关部门完成治安分析与群体活动分析，辅助精准扶贫分析；在民用方面，通过能源大数据指导用户的用能习惯和居民区建设，甚至异常用能现象的分析可辅助居民健康状况判断；在商用方面，利用能源大数据优化经营网点规划（金融、餐饮、商业街等），构建客户群体消费力和信用等金融商业特征画像，终端高效精准的能源消费数据，可以为金融商业机构多方面所用，实现精准行销和为客户提供精准化的服务。

将“能源地图”应用于城市计算，通过收集、整合、分析海量异构数据，实时监测城市在不同时空维度中的动态特征，解决城市在交通、治安等方面所

面临的各种挑战。在智能交通方面，综合考虑交通信号与GPS信息、汽车油耗、污染排放、人流情况，向用户推荐综合最优路线，同时实现空气污染预警，城市路段拥挤度评估等功能；在城市安全方面，精准评估能耗激增、骤减等异常用能行为可能造成的安全隐患并予以预防。

未来的能源系统将是深度融合“信息—物理—社会”的复杂大系统，能源大数据将推动能源系统达到模型数字化、管理信息化、预警自动化、服务开放化的最佳状态，并与城市其他子系统紧密关联，共同推进智慧城市的建设和发展。

能源大数据的建设，既能引领产业技术上的创新，也将带来商业模式上的创新。产业技术方面，通过智慧能源云平台实现区域能源的云管控，通过能源大数据中心实现存储计算资源的集约化、共享化，通过知识自动化算法替代人为决策，使多能源综合管理更为智能、高效，从整体上提升区域能源利用效率，优化区域用能结构，走绿色低碳之路。商业模式方面，发展涵盖能源生产、传输、消费、存储、消费全产业链的业务，让利益相关方更容易获取信息，同时，精准掌握客户需求和用户行为模式，拓展各类提升用能体验和创造新商业价值的增值业务。

参　考　文　献

[1] 靳晓明. 中国新能源发展报告 [M]. 武汉：华中科技人学出版社，2013.

[2] 胡宏彬，任永峰，等. 风力发电场工程 [M]. 北京：机械工业出版社，2014.

[3] 李民，朱翔鸥. 并网光伏数据采集系统设计及误差修正 [J]. 电子测量技术，2016，39(4).

[4] 唐要家. 电力体制改革与节能减排 [M]. 北京：中国社会科学出版社，2014.

[5] 吴疆. 中国式的电力革命 [M]. 北京：科学技术文献出版社，2013.

[6] 薛禹胜，赖业宁. 大能源思维与大数据思维的融合（二）应用及探索 [J]. 电力系统自动化. 2016. 40 (8)：1-13.

[7] 陈性元，高元照，唐慧林，杜学绘. 大数据安全技术研究进展 [J]. 中国科学：信息科学，2020，50：25-66.

[8] 中国能源革命进展报告（2020）. 国务院发展研究中心资源与环境政策研究所. 2020.

[9] 中国电力大数据发展白皮书（2013）. 中国电机工程学会信息化专委会. 2013.

[10] 王建民，陈兴蜀，刘贤刚等. 大数据安全标准化白皮书（2017）. 全国信息安全标准化技术委员会大数据安全标准特别工作组，2017.